奶牛精准饲养策略

◎ 杨致玲　编著

中国农业科学技术出版社

图书在版编目（CIP）数据

奶牛精准饲养策略 / 杨致玲编著. —北京：中国农业科学技术出版社，2019.9

ISBN 978-7-5116-4265-3

Ⅰ.①奶… Ⅱ.①杨… Ⅲ.①乳牛-饲养管理 Ⅳ.①S823.9

中国版本图书馆 CIP 数据核字（2019）第 126926 号

责任编辑 崔改泵
责任校对 李向荣

出 版 者 中国农业科学技术出版社
北京市中关村南大街 12 号 邮编：100081
电　　话 （010）82109194（编辑室） （010）82109702（发行部）
（010）82109709（读者服务部）
传　　真 （010）82106650
网　　址 http://www.castp.cn
经 销 者 各地新华书店
印 刷 者 北京建宏印刷有限公司
开　　本 880mm×1 230mm 1/32
印　　张 6
字　　数 172 千字
版　　次 2019 年 9 月第 1 版 2019 年 9 月第 1 次印刷
定　　价 30.00 元

前　言

改革开放以来，我国畜牧业发展取得了举世瞩目的成就。畜牧业生产规模不断扩大，畜产品总量大幅增加，畜产品质量不断提高，养殖的规模化、标准化、机械化和信息化程度不断取得新进展。到目前为止，我国人均肉类占有量已经超过了世界的平均水平，禽蛋占有量达到发达国家平均水平，而奶类人均占有量仅为世界平均水平的1/3。

随着人们生活水平的不断提高，居民膳食结构发生了较大的变化，人均牛奶年消费量呈现快速增长趋势，从改革开放初期的1.01kg增加到近30kg。

我国是一个人均资源十分有限的国家，在满足粮食供给的前提下，充分利用农作物秸秆、农副产品等自然资源大力发展奶牛业，来满足人民不断增长的对牛奶及乳制品的需求、保障人们动物蛋白质供给量将成为不可逆转的趋势。

乳业产业链是畜牧业中产业链最长、技术含量密集、资金投入极大、高新设备应用程度高的一个产业，不仅担负着农民脱贫攻坚、调整优化农业产业结构和解决“三农”问题的重任，而且是实现经济发展和生态保护双赢的重要一环。近年来，乳业在面临土地资源紧张、饲料资源持续短缺、生态环境恶化、畜产品质量安全问题日益突出、养殖风险与市场波动加剧、国际贸易与进口渠道不断拓展等挑战下负重前行，通过泌乳量和乳品质量并举，效率、乳品安全和环保并重等措施不断发展壮大，正在实现乳业可持续发展。2019年中央一号文件提出要“加强奶源基地建设，升级改造中小奶牛养殖场，实现婴幼儿配方奶粉提升行动。合理调整粮经饲结构，发展青贮玉米、苜蓿等优质饲草料生产”，农业农村部关于《2019年畜牧兽医工作要点》中也指出要“扎实推进奶业振兴，实施奶业振兴苜蓿发展行动”，在“一带一路”农业国际合作不断加强的背景下，要求乳业转变发展方式，实现节能减排环保安全的可持续发展战略。

根据业界推测，我国荷斯坦奶牛存栏量在800万头左右，群体单产正在接近国际水平，乳业装备现代化水平持续增强，饲料原料质量稳定，饲料种类多样化，乳品质量和乳品加工已与国际接轨，牛奶消费空间大，这些不仅是乳业可持续发展的基础，也为实施精准饲养管理奠定了坚实基础。基于电子自动称重的TMR搅拌车、电子耳标、基于自动采集信息的挤奶机和自动饲喂系统、基于采集信息和局域网络的识别奶牛发情计算机检测系统及基于自由卧床、颈枷和温度可调的牛舍和奶牛场专家管理软件构成精准饲养管理的基本硬件元素，科学合理分群、饲料原料选择与饲粮配方的科学设计、严格实施的饲养管理制度、对管理软件的灵活应用及对大数据的精准分析构成精准饲养管理的基本软件元素。实施精准饲养管理可以极大提高劳动生产率和饲料转化率，充分挖掘奶牛生产潜力和延长奶牛利用年限，提高奶牛繁殖效率，减少代谢病、繁殖系统疾病的发生，减少氮、磷、氨等的排放，可以调控牛奶质量，能为奶业升级发展、发展奶业两高一优奠定坚实的技术基础。

本书作者一直从事动物营养学的教学、研究、技术服务工作，深感理论必须应用于实践才能转化为生产力的重要性，因此，根据多年教学和研究等的经验，参阅有关文献资料，编写了这本书，期望能帮助广大养殖户掌握奶牛的科学饲养管理技术，实现增产和增效的双赢，促进奶牛业的健康发展。

本书承蒙山西农业大学张拴林教授审阅，提出了许多宝贵意见，在此表示衷心的感谢。此外，本书参考和引用了许多文献的有关内容，限于篇幅，仅列出部分，在此，对本书引用的全部文献的所有作者表示衷心的感谢。同时也感谢中国农业科学技术出版社的工作人员所做的大量工作。

本书虽然经过比较细致的修改和校对，但难免有疏漏和不当之处，恳请广大读者、同行提出宝贵意见。

编著者

2019 年 5 月

目　录

第一章　奶牛品种及高产品种体质外貌特点 ………………（1）
第一节　常见奶牛品种 ………………………………………（1）
一、荷斯坦牛 ……………………………………………（1）
二、中国荷斯坦牛 ………………………………………（3）
三、娟姗牛 ………………………………………………（4）
第二节　高产奶牛体质外貌特点 ……………………………（5）
一、高产奶牛外貌特征 …………………………………（5）
二、奶牛外貌缺陷 ………………………………………（8）
第二章　精准饲养奶牛场建设 …………………………（10）
第一节　精准饲养奶牛场场址的选择与科学布局 ………（10）
一、奶牛场选址 …………………………………………（10）
二、奶牛场平面布局 ……………………………………（13）
第二节　精准饲养奶牛场生产区建筑设计 ………………（15）
一、牛舍建筑分类 ………………………………………（15）
二、奶牛舍建筑 …………………………………………（15）
三、挤奶厅设计与建筑 …………………………………（20）
四、牛舍建筑参数 ………………………………………（23）
第三节　奶牛场辅助设施的建设 …………………………（27）
一、福利设施建设 ………………………………………（27）
二、饲草料加工与贮存设施 ……………………………（29）
三、防疫与无害化处理设施 ……………………………（32）

第三章　奶牛的常用饲料及其加工……………………………（37）
第一节　饲料的分类……………………………………………（37）
一、国际饲料分类法……………………………………………（37）
二、中国饲料分类法……………………………………………（38）
三、养牛传统饲料分类…………………………………………（38）
第二节　奶牛场常用饲料种类及营养特点……………………（38）
一、青绿饲料的营养特性………………………………………（38）
二、谷实类饲料…………………………………………………（39）
三、糠麸类饲料…………………………………………………（40）
四、饼粕类饲料…………………………………………………（40）
五、块根块茎类饲料……………………………………………（41）
六、糟渣类饲料…………………………………………………（42）
七、粗饲料………………………………………………………（43）
八、矿物质饲料…………………………………………………（43）
九、饲料添加剂…………………………………………………（44）
第三节　粗饲料加工……………………………………………（44）
一、干草的晒制…………………………………………………（44）
二、青贮…………………………………………………………（46）
三、氨化…………………………………………………………（48）
四、秸秆的碱化…………………………………………………（49）
五、秸秆的复合化学处理………………………………………（51）
六、机械加工……………………………………………………（51）
第四节　精料的加工……………………………………………（52）
一、粉碎…………………………………………………………（52）
二、浸泡…………………………………………………………（52）
三、蒸煮…………………………………………………………（53）
四、发芽…………………………………………………………（53）
五、糖化…………………………………………………………（53）
六、饲料颗粒化…………………………………………………（53）

七、蒸汽压片……………………………………………… (54)
第四章 奶牛的营养需要……………………………………… (56)
第一节 成年母牛的营养需要……………………………… (56)
一、干物质采食量与粗纤维……………………………… (56)
二、成年母牛的能量需要………………………………… (57)
三、成年母牛蛋白质的需要量…………………………… (58)
四、钙、磷和食盐的需要量……………………………… (59)
五、成年奶牛微量元素的需要量………………………… (59)
六、成年母牛维生素的需要量…………………………… (60)
第二节 生长母牛的营养需要……………………………… (60)
一、生长母牛的干物质采食量…………………………… (60)
二、生长牛的维持能量需要 …………………………… (60)
三、生长牛的蛋白质需要………………………………… (61)
四、生长牛的钙、磷需要 ……………………………… (61)
第五章 奶牛饲养管理………………………………………… (62)
第一节 后备母牛的饲养管理……………………………… (62)
一、哺乳犊牛的饲养管理………………………………… (62)
二、断奶至6月龄犊牛的饲养…………………………… (72)
三、育成牛的饲养 ……………………………………… (73)
四、配种至产犊青年母牛的饲养………………………… (74)
五、断奶至产犊阶段的管理……………………………… (74)
第二节 成年母牛的饲养管理……………………………… (76)
一、干奶牛的饲养管理…………………………………… (76)
二、围产期奶牛的饲养管理……………………………… (80)
三、泌乳牛饲养管理……………………………………… (89)
四、泌乳牛的挤奶技术、挤奶设备的维护及鲜奶
初步处理……………………………………………… (91)
第三节 泌乳牛的精准饲养管理技术……………………… (96)
一、牛群分群技术………………………………………… (96)

二、奶牛全混合日粮（TMR）饲养技术与有效纤维 ……………… (98)
三、奶牛行走移动评分技术及蹄浴 ……………… (102)
四、奶牛粪便评分技术 ……………… (104)
五、采食量的评分技术 ……………… (107)
六、奶牛的体况评分 ……………… (107)
第四节　奶牛代谢病原因及防控 ……………… (111)
一、产后综合征原因的分析及对策 ……………… (111)
二、奶牛蹄病原因及防控 ……………… (116)
第六章　实用奶牛繁殖技术 ……………… (122)
第一节　牛的性成熟与发情 ……………… (122)
一、初情期、性成熟、适配年龄与体成熟 ……………… (122)
二、发情与发情周期 ……………… (124)
第二节　奶牛发情鉴定技术 ……………… (126)
一、发情鉴定方法 ……………… (126)
二、发情鉴定注意事项 ……………… (130)
第三节　奶牛的人工输精技术 ……………… (130)
一、母牛最适宜输精时机 ……………… (130)
二、种公牛的冷冻精液的选择 ……………… (131)
三、人工输精操作 ……………… (133)
四、子宫深部输精 ……………… (135)
第四节　妊娠及分娩 ……………… (137)
一、妊娠及预产期的推算 ……………… (137)
二、妊娠诊断 ……………… (137)
三、奶牛的分娩征兆 ……………… (138)
四、奶牛的分娩过程 ……………… (139)
五、助产 ……………… (140)
六、分娩后母牛的生殖器官护理 ……………… (141)
第五节　母牛繁殖力与提高繁殖力的措施 ……………… (141)

一、母牛繁殖力的考核指标 …………………… (141)
二、提高母牛繁殖力的措施 …………………… (143)
第七章 奶牛日粮的配制与精准饲养管理分析 ………… (154)
第一节 泌乳母牛日粮的配制 …………………… (154)
一、精准日粮配方的设计 ……………………… (154)
二、确定干物质采食量 ………………………… (163)
三、确定粗饲料摄入量及精粗比 ……………… (164)
四、计算粗饲料和其他混合饲料中的养分含量 …… (164)
五、计算精补料中的养分含量 ………………… (165)
六、确定精补料的日喂量 ……………………… (166)
七、精补料中其他养分含量的计算 …………… (166)
八、核算可被利用的全部干物质量并确定水的需求量 ……………………………………… (166)
第二节 泌乳母牛精准饲养管理评定技术——奶牛生产性能测定（DHI） ……………………… (169)
一、测定牛群要求 ……………………………… (170)
二、测定奶牛条件 ……………………………… (170)
三、采样 ………………………………………… (170)
四、样品保存与运输 …………………………… (170)
五、DHI 测定奶样的内容 ……………………… (170)
六、DHI 报告的数据及信息 …………………… (171)
七、DHI 报告的分析应用 ……………………… (172)
主要参考文献 ………………………………………… (178)

第一章　奶牛品种及高产品种体质外貌特点

奶牛精准饲养以遗传育种、动物营养、环境生理、家畜繁殖、畜牧工程、兽医卫生防疫、经营管理等相关科学的现代理论为基础，采用先进的科学技术和管理方法，以现代乳业设备装备奶牛场，实行规模化、集约化、专业化生产，来保证高水平的生产力、高品质的产品、高效率的生产和低成本运行，因此，必须选用以现代遗传育种理论为指导而育成的、具有优良而稳定的遗传素质的奶牛品种，使之不仅要有高度的生产力、抗病力和抗逆性，而且个体间在生长发育、体型外貌等方面要有较高的一致性，以便适应规范的饲养管理和适合现代化的设备。

第一节　常见奶牛品种

根据1982年出版的《世界牛的品种名录》记载，世界上共有81个乳用牛品种，占普通牛品种总数的13.4%。其中最负盛名的有荷斯坦牛、娟姗牛、爱尔夏牛、更赛牛、乳用瑞士褐牛和乳用短角牛等，目前，全球饲养的奶牛品种相对单一化，以荷斯坦奶牛最多，其次是娟姗牛，在主要国家两者合计占到饲养总量的90%。

一、荷斯坦牛

荷斯坦牛原产于荷兰，是欧洲原牛的后代，约有2 000年的历史，是在荷兰北部育成的。目前主要分为以美国为代表的大型乳用荷斯坦牛和以荷兰为代表的小型乳肉兼用荷斯坦牛。

（一）乳用型荷斯坦牛

1. 外貌特征

体型高大，具有典型的乳用外形，结构匀称，皮薄骨细，皮下脂肪不发达，被毛细短。头清秀，略长；角致密光滑，不粗大，向前弯，角基白色，角尖黑色；颈细长，脖上有横的皱纹（皮褶），皮下脂肪不发达，皮薄有弹性。乳房、中躯、尻发育良好，毛色为黑白花的典型色片，界线分明，额部有白星，腹下、四肢下部（腕、跗关节以下）及尾帚为白色。成年公牛体重900~1 200kg，体高145cm，体长190cm；成年母牛体重650~750kg，体高135cm，体长170cm；犊牛初生重40~50kg。

2. 生产性能

乳用型荷斯坦牛的产奶量最高，一般母牛年平均产奶量为6 500~9 000kg，乳脂率达到了3.6 %~3.7 %。美国2000年进行品种登记的荷斯坦牛平均产奶量为9 777kg，乳脂率和乳蛋白率分别为3.66%和3.23%，创世界个体最高纪录的，是美国一头名叫“Muranda Oscar Lucinda-ET”的牛，于1997年365d挤奶产奶量高达30 833kg；创终身产奶量最高纪录的是美国加利福尼亚州的一头奶牛，在泌乳的4 796d内共产奶189 000kg；该品种也是世界上产奶量最高的群体。

3. 优缺点

乳用生产能力高是该品种最大优点，但乳脂率及奶中干物质偏低，乳房附着差、斜尻、肢蹄病较多；要求饲养管理条件较高，耐热性较差；和兼用型荷斯坦牛相比，肉用能力较差，主要表现为肉的风味差，日增重较低，饲料转化率低，脂肪分布极不均匀。

（二）兼用型荷斯坦牛

原产荷兰，现分布于荷兰、德国、法国、北欧诸国及前苏联加盟共和国等。

1. 外貌特征

体型小、四肢短，体躯短粗，皮下组织较发达，尻平、方、正，乳房附着良好，皮下脂肪较乳用型发达。毛色与乳用型相同，但花片更加整齐和美观。成年公牛体重900~1 100kg，母牛550~700kg。犊牛初生重35~45kg。

2. 生产性能

平均产奶量较乳用型低，年产奶量一般为4 500~6 000kg，乳脂率为3.9%~4.5%，较乳用型荷斯坦牛高，个体高产者可达10 000kg以上。肉用性能较好，经肥育的公牛，500日龄平均活重为556kg，屠宰率为62.8%。

二、中国荷斯坦牛

中国荷斯坦牛是利用从不同国家引入的纯种荷斯坦牛，经过纯繁、纯种牛与我国当地黄牛杂交，并用纯种荷斯坦牛级进杂交，高代杂种相互横交固定，后代自群繁育，经长期选育而培育成的我国唯一的奶牛品种，1987年3月对中国黑白花牛品种进行了鉴定验收。1992年将“中国黑白花奶牛”品种名更改为“中国荷斯坦牛”。

1. 外貌特征

毛色同乳用型荷斯坦牛，由于血缘复杂，加上各地饲养管理条件不一，形成了外貌体型不太一致、生产性能有一定差异的一个品种。从体型来看，北方荷斯坦牛体型较大，南方荷斯坦牛体型略小。中国北方荷斯坦成年公牛体高155cm，体长200cm，胸围240cm，管围24.5cm，体重1 100kg；成年母牛体高135cm，体长160cm，胸围200cm，管围19.5cm，体重600kg。南方荷斯坦牛体型偏小，其成年母牛体高132.3cm，体长169.7cm，胸围196cm，体重585.5kg。犊牛初生重35~50kg。

2. 生产性能

中国荷斯坦牛的泌乳性能良好，根据对21 925头品种登记牛的资料，个体平均产乳量为 6 359 kg，乳脂率为 3.2% ~ 3.6%。在华北和东北奶源带的大中城市附近及重点育种场，全群年平均产奶量已经达到 7 000 kg，接近国际同类荷斯坦牛的生产水平。

3. 优缺点

中国荷斯坦牛耐粗饲，性情温顺，适应性强，易于风土驯化，饲料转化率高，产乳性能较好，但泌乳量差异较大，乳脂率和乳干物质率偏低，毛色和体型不够一致，前乳房发育不充实，乳房底部不太平整，乳房体积小，附着不紧密，有乳房下垂现象，部分牛尖斜尻。

三、娟姗牛

原产英国英吉利海峡的娟姗岛，是用法国的大型诺曼底牛（红色）与小型的布里顿牛（黑色）杂交并于 1784 年育成，18 世纪便闻名于世，1866 年建立良种登记簿，至今在原产地仍进行自繁。有资料认为布里顿牛是当地牛而不是法国牛。

1. 外貌特征

娟姗牛是小型乳用牛，具有细致紧凑的优美乳用外形。头短小而轻，额宽并凹陷，两眼突出明亮有神，头部轮廓清晰；角中等大，琥珀色，角尖黑，向前弯曲。颈部细、长、薄，皮薄有皱褶，垂皮较荷斯坦牛发达。鬐甲狭锐，背腰平直，尻平、宽，尾细长，尾帚发达。骨骼细致，关节明显；乳房体积大，乳区匀称，皮薄，乳静脉弯曲、粗大、明显，乳头略短、细小。

被毛短、细而有光泽，毛色为灰褐、浅褐、深褐三种，以浅褐为多，嘴周围有浅色毛环，腹下、四肢内侧毛色较浅，黑尾帚；鼻镜、舌头为黑色。体型小，成年公牛体重为 650 ~ 750kg，成年母牛体重 340 ~ 450kg，体高 113.5cm，犊牛初生重 23 ~ 27kg。

2. 生产性能

美国 2000 年进行品种登记的娟姗牛平均产奶量为 7 215kg，乳脂率和乳蛋白率分别为 4.61% 和 3.71%，个体高产纪录为 18 929.3kg/年（英国）。

3. 优缺点

该品种早熟，耐热，头年产量不高，但单位体重产 4%标准乳的乳量高，且乳脂率高（5.5%～6.0%），脂肪球大而色黄，易于提取黄油，是我国南方牛较适宜的改良者。其缺点是体格小，有尖尻，神经质。

第二节　高产奶牛体质外貌特点

牛的外貌不仅与牛的年龄、健康状态和发育情况有关，更与其生产性能有较密切的关系，通过外貌特征选择具有高产潜力的奶牛，是提高生产性能和经济效益的前提。

一、高产奶牛外貌特征

（1）成年高产奶牛的外貌特点是：皮肤薄，骨骼细，被毛短、细而有光泽，血管显露，肌肉不发达，皮下脂肪沉积不多，外形清秀，全身细致紧凑，属细致紧凑体质类型。

（2）被毛颜色为黑白花，花片分明，头部有白章，四肢关节以下和尾巴下 2/3 为白色，典型的中国荷斯坦奶牛的肩部、腰部有白色的花片分布。

（3）由于头颈部、鬐甲、胸和前胸的发育相对不如后躯和中躯，因而从侧视、前视和背视的轮廓均趋于楔形（图 1-1）。四肢修长，皮薄，皮下脂肪不发达，被毛细短而密，因而全身关节明显，干净，常可以看见皮下隆起的血管、筋腱。全身骨架紧凑，连接良好，给人以舒展的感觉。

头轻而稍长，额平，轮廓清晰，皮薄，毛细、短、密，使

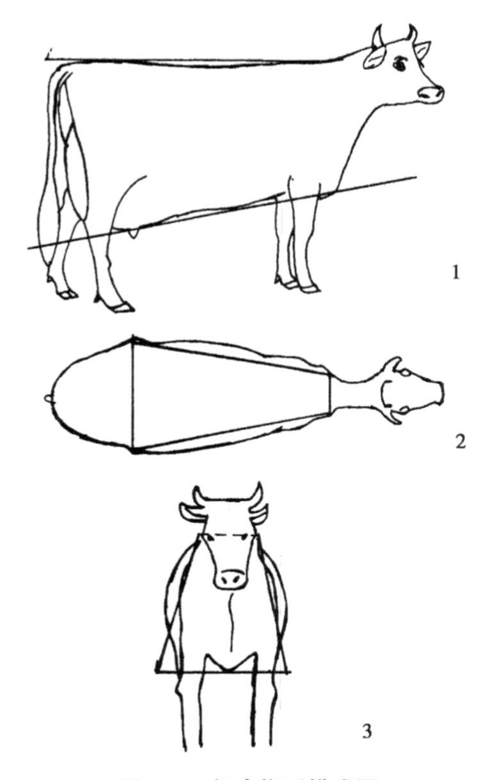

图 1-1　奶牛楔形模式图

1. 侧望 2. 俯视 3. 前视（黄应祥，1993）

头部显得较轻而清秀。

颈细长而薄，皮薄而松软，毛细、短、密，形成排列密而整齐的皮肤皱褶。

（4）胸部宽深适度，前胸不饱满，以前裆距为 37cm，胸深中等偏上，为体高的 55%左右为佳。肋骨长而后斜，肋骨弓弯曲好，肋间距离宽，最后两肋骨间距大于 5cm。胸部皮薄，皮下脂肪不发达，从侧面应看到 2～3 根肋骨弓隆起，肌肉发育中等。在吸气时，可较清晰地看到肋弓、肌束、腱等。

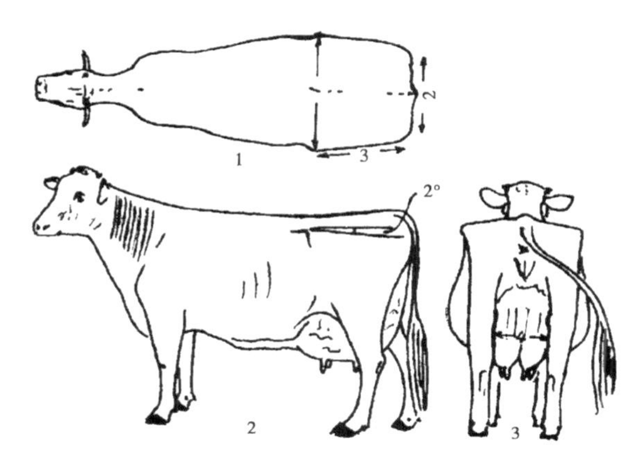

图 1-2　奶牛理想尻部模式图

1. 长、宽、方的尻部；2. 平的尻部；3. 方尻之下的乳房（黄应祥，1998）

（5）背长而直，宽窄适当，无皮下脂肪，背椎棘突隐约显露。腰角较宽，与背、尻部呈一水平线，腰椎横突明显，不呈复背和复腰。

（6）腹部应粗壮、饱满，发育良好，不下垂，发育明显优于胸部，肷不明显。

（7）尻部宽、长、平、方，即尻宽应为 50cm，尻长为 53cm 以上，尻角度为正 2°左右，坐骨端宽为腰角宽的 2/3（图 1-2）。荐骨不隆起。尻角负斜、正斜过大、屋脊尻、尖尻、斜尻均为不良。

（8）四肢肢势端正，关节明显，长短适中，肢蹄结实。后裆宽，股部肌肉不丰满，大腿薄，乳镜高，腹连也高。

（9）乳房外观呈“浴盆状”，乳房大、深且底部平坦，不低于飞节，前乳房向腹下延伸，附着良好，后乳房充分向股间上方延伸，附着点高，乳房宽，左右乳区间有明显的纵沟。四个乳区发育匀称，分布均匀，乳头分布均匀，形状为圆柱状，长短为 8～12cm，直径 3～5cm，容量应在 20ml 以上，乳头括约肌正常。

乳房皮薄，毛细、短、稀，皮下脂肪不发达，在旺乳期能看见皮下乳静脉及侧悬韧带筋腱的隆起。从乳腺内部结构来看，腺体组织应占75%~80%，结缔组织和脂肪组织为20%~25%，即所谓的腺乳房。挤奶前乳房饱满、体积大、富有弹性，挤乳后乳房体积缩小、手感柔软且在乳房后部形成许多皱褶。

乳静脉粗大、明显、弯曲且分支多，并交叉成网状，其直径可达3cm。乳井大。

二、奶牛外貌缺陷

就奶牛各个部位按照轻度缺点、中度缺点、重度缺点、严重缺点、不合格和淘汰等级评选奶牛。

单眼瞎、单侧或双侧眼肿为轻度缺点，混浊为中至严重缺点，如果全盲为不合格。

头短、宽、重为中度缺点，头部的前额突起为不合格。

尾根结合过前、粗大，尾巴粗短、歪尾或其功能异常（不能摆动），属轻至严重缺点。

永久性的四肢跛行、功能不良者淘汰，暂时性的并不影响正常功能的为轻度缺点，前肢明显跛行属严重缺点，飞节明显积液（肿大）为轻度缺点，弱系为轻度至严重缺点。

蹄外撇轻度缺点。

尻部前低后高为中度至重度缺点。

乳房左右无明显分界线为轻至严重缺点，乳房附着弱为轻至中度缺点，乳房附着不良为严重缺点，有漏奶现象（一侧或多侧）为轻度缺点，乳房内有硬结、乳头堵塞为中度至重度缺点，四个乳区不匀称为轻至中度缺点，乳头过小、过大、形状异常为轻至中度缺点，牛奶异常（奶中带血、有凝块、水样），根据其程度为轻至中度缺点，有瞎乳区为不合格。

体格过小为中度至重度缺点。

母牛过肥为中度至重度缺点，过瘦为轻度缺点。

有明显的掩饰痕迹，如焗油、修饰过牙齿等为不合格。

弗里马丁症（外生殖器异常，阴唇特别短小，收缩很紧）为不合格。

暂时性的轻度受伤，但不影响泌乳、繁殖等机能，属于轻度缺点。

被毛干枯、暗淡，鼻镜干燥，过度消瘦为严重缺点至不合格。

腹部上吊，不充实，属于中度至重度缺点。

背腰不平，向上凸起为重度缺点。

粪便过于干燥或过稀，属于中度缺点。

生殖系统疾病（包括子宫炎、输卵管堵塞、卵巢萎缩、硬化等），一般为中度缺点至不合格。

年龄超过 10 岁以上，为轻度至中度缺点。

第二章 精准饲养奶牛场建设

第一节 精准饲养奶牛场场址的选择与科学布局

一、奶牛场选址

场址是奶牛生活和生产的地方，对场址选择的原则是首先必须保证牛的生物安全性，即保证不被同属或其他动物引发疾病；有利于环境保护和生态建设；有利于提高奶牛的生产性能、抗病力和适应性；符合牛的生理特点和生活习性，如喜欢凉爽气候和需要大量粗饲料等；在满足需要的基础上，本着节约用地和最大限度地发挥当地资源优势和人力优势原则选择场址；既考虑现在的资金状况，也必须着眼今后长远发展的潜力，最终取得最大的经济利益。

（一）环境

1. 土质

场址土质关系到牛舍建筑的牢固性和牛体的健康。沙土的透水透气性好，吸湿性差，有利于土质的净化，土质也干燥，不利于微生物的生存，对牛体健康有利，但沙土的导热性大，热容量小，昼夜温差大，对牛体健康有不利的一面。黏土与沙土基本相反，不利于建牛舍。沙壤土的透气透水性好，持水性小，导热性小，热容量大，地温稳定，有利于牛体健康。由于其抗压性好，膨胀性小，适于建设牛舍。因此，沙壤土是理想的建场土壤。

牛场土壤的环境质量应符合《土壤环境质量标准》（GB

15618—2008）的要求。

2. 水质

奶牛场用水量大，稳定、充裕、可靠的水源是牛场生产和加工立足的根本。水源的水量要充足，既能满足牛场人畜饮用和其他生产（奶厅、制作青贮、种植饲料等）、生活用水，还要考虑防火需要，同时水质必须达到规定的要求。

一般奶牛用水平均每头成年牛当量为每天 85kg 左右，生产用水 20kg 左右（挤奶、加工饲草料等），犊牛头均 12kg，育成牛和青年牛头均 24～30kg，日均生活用水 20～30kg。

水质应符合《无公害食品　畜禽饮用水水质》（NY 5027—2008）的要求。

3. 空气

奶牛场环境空气质量应符合《环境空气质量标准》（GB 3095—2012）的要求。

（二）资源

1. 饲料资源

饲草料的来源，尤其是粗饲料来源决定着牛场的规模。如果粗饲料全部为干草时，每头成年母牛年需 3 500kg。1kg 干草顶替 3～5kg 青贮或青干草。育成母牛和青年母牛按成年母牛的 50%～60%计算；犊牛干草按每天 1.5kg/头计算。

一般应考虑 5～10km 半径内的饲草料资源，距离太远时，因为运草效率低会使开支增大，经济上不合算，根据有效范围内年产各种饲草、秸秆总量，减去原有草食家畜消耗量，剩余的富余量便可决定牛场规模。粗饲料产量如表 2-1 所示。

表 2-1　粗饲料年产量（风干物）（单位：kg/亩）

种类	籽实产量	秸秆产量
玉米	800	450～500
高粱	600	700～900

（续表）

种类	籽实产量	秸秆产量
谷子	300	400～450
麦类	300	300～350
水稻	400	400～450
豆类	200	200～250

2. 社会资源

（1）为了保护人类赖以生存的环境，最大限度地降低污染，尽可能减少由此对人类造成的危害，避免人畜共患病的交叉传播，是选择场址时处理牛场与居民点关系的出发点。牛场与居民点要避免相互干扰，尤其注意牛场对村庄的环境污染和居民垃圾（塑料薄膜及包装袋等）对牛的危害，以及生活噪声对牛休息的影响。牛场应在居民点的旁边，下风头，距村庄住宅区150～300m，并在径流的下方向，离河流远些，以免粪尿污水污染河流和水源，地势要稍低于村庄。

（2）交通、水、电方便接取，以便运输草料和牛粪及适应机械化操作要求。便利的交通是牛场对外进行物质交流的必要条件，但在距公路、铁路、飞机跑道过近时建场，交通工具所产生的噪声会影响牛的休息与消化，人流、物流频繁过往也易传染疾病，所以牛场应选择距主要交通干线500m以上，一般交通线200m，便于防疫。奶牛场应远离飞机场、主要铁路等噪声大的厂矿和污染严重的化工厂、屠宰厂、制革厂、炼焦场等。

（3）场址应符合兽医卫生要求，牛场周围没有毁灭性的家畜传染病源（如在旧鸡场、旧猪场场址上新建）。

（三）地形与地势

地形地势指场地形状和场地内起伏的状况。牛场地形要开阔整齐，理想的是长方形或正方形，不可过于狭长和边角太多，狭长的场地不仅不利于牛场建筑科学布局，也不利于生产的安

排，同时增加牛场防护设施的投资，增加卫生防疫的难度。

修建牛场要选择地势高燥，平坦，有适当坡度，排水良好，背风向阳，地下水位低的场所。这样的场地可保持环境干燥，阳光充足，有利于牛只的生长发育，有利于人畜的防疫。低洼潮湿的场地因为阴冷和通风不良，影响牛的体热调节、肢蹄健康，还容易滋生蚊蝇和病原微生物，给牛体健康带来危害。坡度太大虽然排水良好，但不利于机械化操作和安全生产。

山区地形地势复杂，变化较大，可酌情而定。

二、奶牛场平面布局

牛场内部根据片区职能不同，划分为行政管理区、职工生活区、生产作业区、隔离区等。

（一）职工生活区

职工生活区应处于上风向和地势较高的地段，下风向依次为行政管理区和生产作业区，这样配置使奶牛场产生的不良气味、噪声、粪尿和污水，不致因风向与地势而污染居民生活环境，以及避免人畜共患疫病的相互影响，同时也可防止无关人员乱窜而影响防疫。

（二）行政管理区

行政管理区是牛场的经营活动与社会有密切联系的地方，应处于上风向和地势较高的地段，靠近场门，便于与外界联系。在规划这个区的位置时，应有效利用原有的道路和输电线路，充分考虑饲料和生产资料的供应、产品的销售等。由于产供销的运输与社会联系频繁，为了防止疫病传播，场外运输车辆（包括牲畜）严禁进入生产区。汽车库应设在管理区。除饲料外，其他仓库也应设在管理区。管理区与生产区应隔离，外来人员只能在管理区活动，不得进入生产区，故应通过规划布局以采用相应的措施加以保证。

（三）生产作业区

生产作业区包括养殖区、饲草料加工贮存区等，为便于防疫和防止污染，应和行政管理区、职工生活区隔离开，设在下风向。

对生产区的规划布局应给予全面细致的考虑。奶牛舍应根据牛的生理特点、生理阶段进行合群、分舍饲养，并按需要设运动场（图 2-1）。

（1）成年奶牛区应靠近奶厅、鲜奶处理室，便于出入奶厅和鲜奶的加工运输，奶厅和成年奶牛舍的牛行通道不能穿越场区内主要的净道，即应该和奶厅在同侧。奶厅一般在生产作业区内靠近办公区一侧，便于奶罐车取送奶，最重要的是防止传播任何疫病。

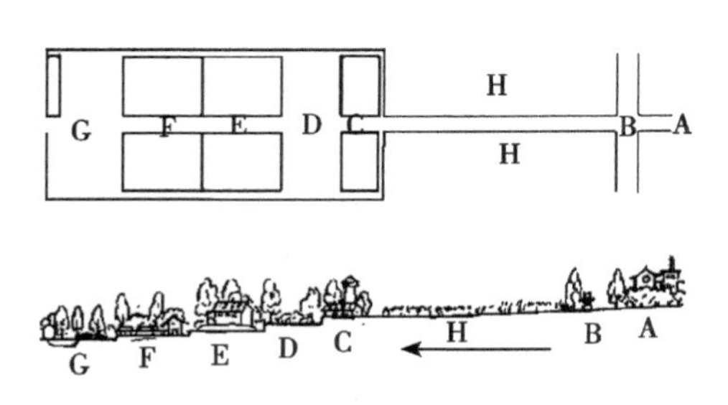

图 2-1　牛场规划与布局示意图

A. 村镇；B. 公路支线；C. 牛场管理及生活区；D. 绿地；E. 干草、青贮、饲料加工区；F. 牛养殖区；G. 堆粪场、尿污池、病牛隔离区；H. 田野。箭头为风与径流流向

（2）犊牛区要优先安排在生产作业区的上风向，环境条件最好的地段，这样有利于犊牛的健康和培育。

（3）育成牛、青年牛区要优先安排在成年奶牛舍上风向，以便卫生隔离。

（4）产房安排在下风向，且要求靠近犊牛舍，是易于传播疾病的场所，必要时需隔离。

（5）饲料的供应、贮存、加工调制是奶牛场的重要组成部分，与之有关的建筑物位置的确定，必须同时兼顾饲料由场外运入，再运到奶牛舍进行分发这两个环节。与饲料运输有关的建筑物，原则上应规划在地势较高处，并应保证防疫卫生安全。

（四）隔离区

设在场区下风向及地势较低的地方，主要包括隔离牛舍、粪污处理区、兽医室、装卸奶牛台等，应距离最近的牛舍 50~100m，设有单独的门。

第二节 精准饲养奶牛场生产区建筑设计

一、牛舍建筑分类

奶牛舍按四周墙壁的封闭程度，分为封闭式、半开放式、开放式和棚舍式；按屋顶的形状分为钟楼式、半钟楼式、双坡式、单坡式、拱顶式等；按牛床在舍内的列数分为单列式、双列式和多列式；按舍饲牛的对象分为成年母牛舍、犊牛舍、育成牛舍、青年牛舍、隔离观察舍等；根据在牛舍内控制奶牛采食方式分为拴系式和散栏式。拴系式是传统的饲喂方式，每头牛被拴系在自己固定的槽位上采食和休息，便于定量饲喂和饲养管理（如打针、投药等），但增加饲养人员的工作量和降低劳动效率，限制了牛的自由活动，不利于动物福利原则；散栏式适合于高度机械化、自动化饲养，能提高劳动生产效率。

二、奶牛舍建筑

（一）屋顶

用于保暖、防晒和防雨雪等，按照牛舍屋顶的样式分为钟楼式、半钟楼式、拱顶式、半拱顶式、双坡式、单坡式等，如

图 2-2 所示。

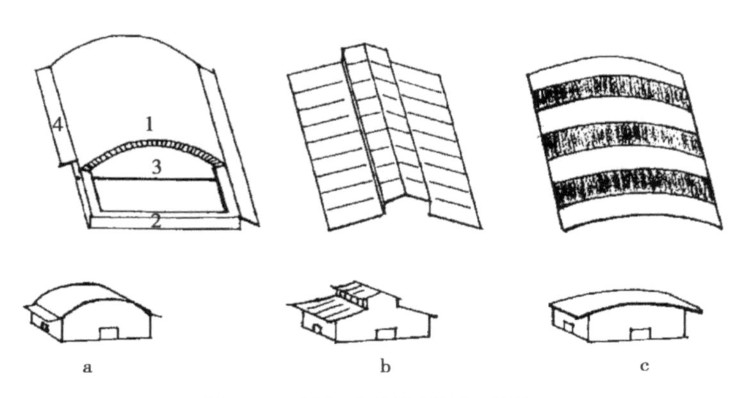

图 2-2 奶牛舍几种屋顶示意图

a. 砖券拱顶；b. 对称气窗（钟楼式）水泥瓦屋顶；c. 工程塑料或彩钢屋顶

屋顶一般采用木架或钢木结构、水泥石棉瓦或者彩钢顶。木架或钢木结构上面可用作物秸秆（如高粱秆）、荆条、芦苇等编织成帘状，也可用木板等固定于檩条或椽子上，再铺上瓦。这种屋顶结实，保温隔热性能好，但消耗材料多，造价较高，维修较困难。还有一类屋顶为水泥石棉瓦，可直接钉在椽子上，其造价低，对屋顶支撑结构要求低，维修方便，但保温隔热和防水性能差，如果在石棉瓦下铺上一层隔热材料（如 3cm 厚的聚胺酯），则可弥补其不足，并且造价较低，是值得推广的方法。彩钢顶是近年来大型规模性牛场普遍采用的屋顶结构，具有美观、对屋顶支撑结构要求低、结实耐用、保温等优点，只是造价稍高。

（二）墙壁

用于挡风御寒，按照墙壁的封闭程度分为封闭式、开放式、半开放式和棚舍式。

封闭式牛舍四周有墙壁，不利于通风换气，舍内空气质量差，虽具有冬暖优点和有利于牛群生存，但夏季防暑难度较大。

开放式和半开放式三面有墙，半开放式前墙有半截，开放式无前墙，这类牛舍通风采光性能好，但防寒性能差。棚舍式棚舍四周无墙，通风采光性能极好，防寒防暑性能很差。

墙体用普通砖和砂浆修建，厚度为24~36cm，要设0.5~1.0m的墙裙，墙根地面向外有0.5m的滴水板，适当向外斜。

（三）门窗

奶牛舍门洞大小依饲喂方式而定，使用TMR饲喂车的饲喂通道的门高为2.0~2.8m，宽为3.0~3.5m，通往运动场的门洞宽1.80~2.00m，高2.00~2.20m，每50头奶牛设一个门洞。

奶牛舍窗户的规格、数目因防暑、防寒的要求，结合采光系数而异，一般宽为1.50~2.00m，高1.50~2.4m，采光系数为1：(10~16)，窗户距地面1.20m左右。

（四）奶牛舍的基础

奶牛舍的基础包括地基和墙基。

地基应为坚实的土层，具有足够的强度和稳定性，压缩性和膨胀性小，抗冲刷力强，地下水位2m以下，无侵蚀作用。墙基指墙埋入土层的部分，是墙的延续，墙基要坚实，牢固，防潮、防冻、防腐蚀，比墙体宽10~15cm。

（五）舍内设施

1. 牛床

奶牛在牛舍内休息的场所，其规格尺寸为：成年泌乳牛牛床长度（饲槽前沿至排粪沟）一般为1.60~1.80m，宽度一般为0.75~1.00m；青年牛和育成牛牛床长度为1.60~1.70m，宽度为0.75~1.00m；犊牛牛床长度为1.20m，宽度为0.60~0.80m。牛床应向粪尿沟方向保持1%~1.5%的坡度，以利于尿和污水的排出。

2. 饲槽

饲槽在牛床前面，常为固定通槽，其长度和牛床的宽度相同，紧靠牛的一侧是前沿，另一侧为后沿。饲槽应保持坚实、光滑、不漏水，饲槽底部为圆弧，饲槽底部高于牛床 5~10cm。其规格尺寸如表 2-2 所示。

表 2-2　奶牛舍内牛床的尺寸　　（单位：m）

类别	长度	宽度	坡度
成年泌乳牛	1.60~1.80	0.75~1.00	1.0%~1.5%
青年牛和育成牛	1.60~1.70	0.75~1.00	1.0%~1.5%
犊牛	1.20~1.30	0.60~0.80	1.0%~1.5%
分娩母牛	1.80~2.20	1.20~1.50	1.0%~1.5%

3. 饲喂通道

饲喂通道是运送草料、饲喂牛只的通道，以 TMR 饲喂车饲喂时为 3.0~3.5m。如果饲喂通道和饲槽一体化设计，饲喂通道和两侧饲槽总宽度为 4.0m。

4. 粪尿区与清粪通道

粪尿区与清粪通道设置于牛床后部，为便于机械清理，一般把粪尿排泄区与清粪通道合于一体，作为清扫粪便、人畜通行的通道，不再设置专门粪尿沟作为收集粪尿设施，借助牛床坡度把粪尿排流到清粪通道上。粪尿区与清粪通道宽度为 1.6~2.0m，或根据清粪机械决定，路面防滑。

5. 牛栏和颈枷

牛栏位于牛床和饲槽之间，和颈枷一起用于固定牛只，正规牛栏由横杆、主立柱和分立柱组成，每相邻两个主立柱之间距离与牛床宽度相同。主立柱之间由许多分立柱构成，分立柱之间距离为 0.10~0.18m，牛栏和颈枷高度为 1.20~1.50m。泌乳牛的高度为1.40~1.50m，育成牛、青年牛的略低，详见表2-3。为防止奶牛横卧在牛床上，常设隔栏。隔栏用弯曲的钢管制成，一端和牛栏立柱相连，另一端固定在牛床前 2/3 处，隔栏

高 80cm，由前向后倾斜（图 2-3）。

表 2-3 各类牛颈枷尺寸

体重（kg）	100 以下	100	150	200	30	400	500 以上
饲喂挡墙高度（m）	0.4	0.45	0.45	0.50	0.50	0.55	0.55
颈枷总高（m）	1.10	1.20	1.20	1.20	1.30	1.40	1.50
翻转轴高度（m）	0.80	0.81	0.83	0.85	0.87	0.90	0.92
牛间距（m）	0.30	0.35	0.40	0.50	0.55	0.60	0.75
颈枷闭合宽度（m）	0.17	0.175	0.18	0.185	0.19	0.195	0.20
颈枷打开宽度（m）	0.31	0.33	0.35	0.36	0.37	0.38	0.38
颈枷倾斜度				15°			

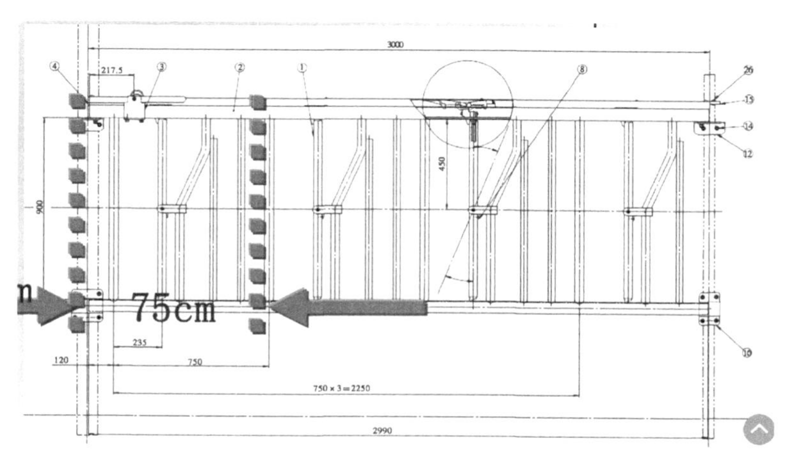

图 2-3 颈枷示意图

牛栏和颈枷要牢固耐用，光滑，便于操作。颈枷翻转轴及一些焊接部位用橡胶材料包裹，颈枷锁扣部分最好有消音材料，以避免上下颈枷时出现噪音应激。

6. 地面

室内地面要求牛感觉舒适，便于消毒，不打滑，不过分坚硬。地面有土地面、立砖地面、水泥地面、石头地面等。土地面不易清粪，不便消毒，使劳动效率降低，但牛起卧舒适，易于吸尿，成本低廉；立砖地面保温性能优于水泥，但不如水泥结实，宜作犊牛舍地面；水泥和石头地面结实耐用，便于消毒和冲洗，但保温性能差，地面有水时不防滑。成年牛舍一般常用水泥地面，用水泥地面要压上防滑纹（间距小于 10cm，纹深 0. 4~0. 5cm），以免滑倒，引起不必要的经济损失。

7. 排水沟

排水沟是奶牛场不可或缺的卫生排水设施，可便捷地把奶牛舍粪水等排出。排水沟包括奶牛舍内的粪尿沟（明沟）、舍内的暗沟和舍外一直连接尿污池的暗沟。明暗沟连接处设沉淀井，并用铸铁箅子盖上。舍外暗沟每 20m 设沉淀井一个，确保不发生堵塞。

三、挤奶厅设计与建筑

挤奶厅是奶牛场采用散放式饲养和奶牛养殖小区的重要配套设施，挤奶厅的使用不仅提高了劳动效率，因中间无污染环节，也提高了牛奶质量。

挤奶厅包括挤奶台、待挤区、集乳室、机房和办公管理间。

（一）挤奶台

目前，鱼骨式、并列式、转盘式挤奶厅是建筑的主流设计。转盘式挤奶厅要扩大容量非常困难，且能源消费过大、不易发现挤奶杯脱杯的现象；优点为可连续挤奶，劳动效率高。而坑道式（鱼骨式、并列式）挤奶台则容易得多。

1. 坑道式（鱼骨式、并列式）挤奶台

挤奶台坑道两侧的挤奶栏位与挤奶厅纵轴呈垂直时为并列

式挤奶台，呈大约30°角时为鱼骨式，这样的设计使待挤的奶牛的乳房更接近挤奶员而便于操作，状如鱼骨而得名。

挤奶台的中间为一个操作的坑道，坑道深0.8~1.0m，宽2.0~3.0m，是挤奶员实施挤奶操作的场所。这种设计使得挤奶员不必弯腰进行操作，可减轻劳动强度，提高劳动效率。坑道两侧是待挤牛站立的栏位，长度与挤奶台的容量有关，栏位根据需要可从2×6至2×20不等（每侧栏位6~20个）。

智能坑道式挤奶台不仅可以调节坑道深度，坑道的边缘可以在一定范围内移动，更富有人性化设计。

2. 转盘式挤奶台

为一个可转动的环形挤奶台，目前主要有鱼骨式转盘挤奶台和串联式转盘挤奶台。挤奶台的入口和出口相邻，奶牛可以连续进入或离开挤奶台，操作人员在入口处冲洗乳房、药浴乳头、套乳杯等，在出口处药浴乳头，不必来回在坑道内走动，每转一圈需7~10min，可进行流水式挤奶作业，所以可节省时间和提高劳动效率，但消耗动力较大。

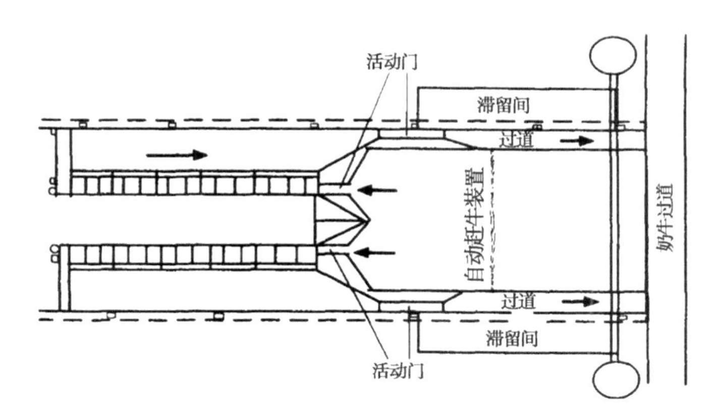

图2-4　并列式挤奶厅模型（梁学武，2002）

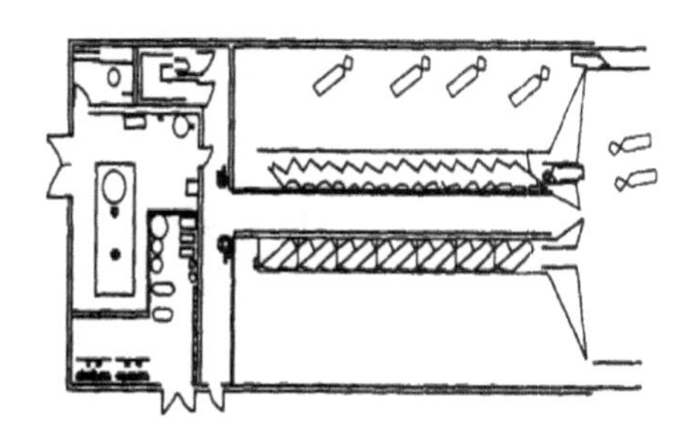

图 2-5　鱼骨式挤奶厅模型（梁学武，2002）

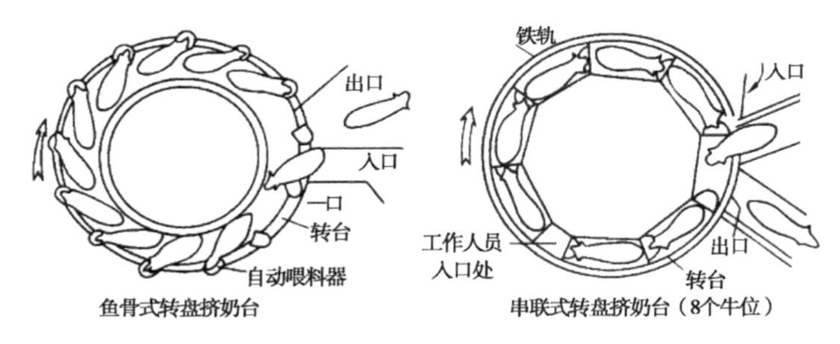

图 2-6　鱼骨式和串联式转盘式挤奶台（邱怀，2002）

3. 容量设计

典型挤奶厅容量设计理论上应该为：每天 2 次挤奶时，每次挤奶时间为 10h；每天 3 次挤奶时，每次挤奶时间为 6. 5h；每天 4 次挤奶时，每次挤奶时间为 5h。以此标准设计的挤奶厅容量包括了清洁和设备维护的时间（清洁时间包括在挤奶时间内，每天的 4h 为维护时间）。

每天 2 次挤奶时，每个泌乳牛群的挤奶时间 60～120min；每天 3 次挤奶时，每个泌乳牛群的挤奶时间 40～80min；每天 4 次挤奶时，每个泌乳牛群的挤奶时间 30～60min。在此挤奶时间框架内确定的牛群规模可最大限度地缩短奶牛离开饲料和饮水的时间。

（二）待挤区

是把泌乳牛舍的泌乳牛集中在一起、等待进入挤奶台的区域。一般紧挨着挤奶台，形状为半圆形或多边形，不能留有死角。为提高劳动效率、减轻劳动强度和避免炎热夏季出现热应激，内部一般配置有自动驱牛装置、自动冲洗乳房装置、喷淋设施与风扇等，与挤奶台等宽，按照从入口开始，3%～5%的坡度，直到与挤奶台等高。待挤区容量设计每头奶牛最小的空间为 1.35m^2，一般为 1.5m^2，如果是非水冲式设计，还应增加25%的面积。

（三）滞留栏

为配合人工输精、注射治疗、修蹄等工作而临时控制奶牛的栏位。在挤奶台到泌乳牛舍的通道、紧挨着待挤区对面的通道上设置的临时控制奶牛的栏位，可临时控制 3～5 头牛的空间。在挤完奶放奶牛离开挤奶台，走近滞留栏时，将栅门开放，挡住返回牛舍的走道，将奶牛导入滞留栏。智能滞留栏配有牛只自动分隔门，由电脑控制，在奶牛离开挤奶台后，自动识别，及时将门转换，将奶牛导入滞留栏，进行配种、治疗等。

（四）挤奶台到牛舍的通道

牛舍到挤奶厅的通道宽度应根据牛群大小确定，一般应为4.5m 宽，返回的通道取决于挤奶厅一侧的牛位数量，少于 15头时净道宽度为 0.9m。

为预防奶牛肢蹄病的发生，可以在返回通道上设置蹄浴的浴池，详见“奶牛蹄病原因及防控”中“蹄浴的方法”部分。

（五）奶库

内有奶罐、盥洗消毒室、化验室等。

四、牛舍建筑参数

奶牛舍要因地制宜（充分利用场地坡度、周围充足的饲草资源等），并能为牛提供舒适的环境（空间设计适合牛站立、卧地、起立、采食、饮水和休息需要），舍内采光要充足、干燥，符合奶牛生产工艺要求（便于装车、运输、出栏和转群等），便于防疫和经济实用（便于清扫、冲洗和消毒等）。奶牛舍建筑还要根据实际情况而灵活掌握。

（一）泌乳牛舍设计与修建

奶牛舍的外观包括牛舍的长度、跨度、高度等。在进行设计时，要考虑当地气候特点、场里的经济条件、劳动定额等，同时还要结合养奶牛的传统习惯（我国一般以双列对头或对尾式牛舍为主）。

牛舍的长度根据牛舍种类、饲养管理方式、饲养头数、舍内设备的种类、数量、尺寸和位置等决定，饲养头数一般是奶厅容量的倍数，一般为4倍、8倍等，这样的设计可有效提高劳动效率。每40~80头牛设一个横行道，便于出入牛舍。

由总长度确定开间大小，牛舍的开间为3.0~4.0m。

奶牛舍的跨度根据清粪通道、饲槽宽度、牛床长度、粪尿沟宽度、饲喂通道等决定。双列对头牛舍（不带卧床）跨度在10~12m，带卧床为27m，单列式为7m（图2-7和图2-8）。

奶牛舍的高度依牛舍类型、地区气温而异。我国的养殖区域按照气候条件可以分为干热、湿热、干冷和湿冷四种气候类型，干冷气候类型最低，湿热气候类型最高。以屋檐为标准，双坡式为3.0~3.6m，单坡式2.5~2.8m，钟楼式稍高点，棚舍式略低些。

奶牛舍门洞大小依牛舍类型和饲喂方式而定，必须考虑是否使用TMR饲喂车而决定。不使用TMR饲喂车情况下，产房、泌乳牛舍宽1.80~2.00m，高2.00~2.20m，犊牛舍、育成牛舍和青年牛舍宽1.40~1.60m，高2.00~2.20m，而使用TMR饲喂车的门洞为3.0~3.6m宽和2.6~3.0m高。各类牛舍的门洞数

要求有 2~8 个（每一个横行道一般设门洞一个）。

奶牛舍窗户的规格、数目因防暑、防寒的要求，结合采光系数而异，一般宽为 1.50~2.00m，高 2.00~2.40m，采光系数为 1：(10~16)，窗户距地面 1.20m。

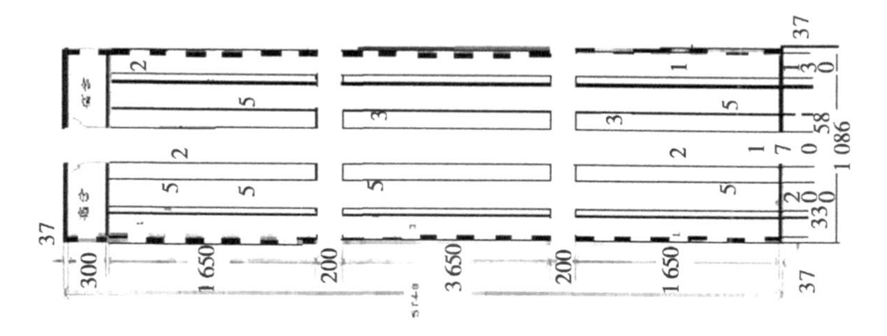

图 2-7 对头式不带卧床牛舍平面图

1. 清粪通道 2. 饲喂通道 3. 饲槽 4. 粪尿沟 5. 牛床

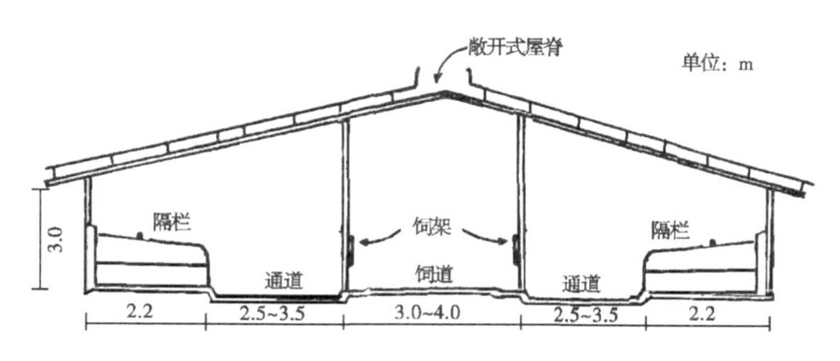

图 2-8 对头式带卧床牛舍平面图

（二）犊牛岛设计与修建

犊牛岛又叫犊牛栏、犊牛笼，是犊牛从出生到断奶后一周左右饲养的地方。既能满足犊牛哺乳等特殊需要又方便饲喂，既要满足通风又需要保温是修建犊牛岛的难点。

室外犊牛岛适合温热气候，通风性好，也适合月龄较大的北方地区使用。室外犊牛岛放置于混凝土地面，坐北朝南，或根据季节变换方位，犊牛排泄物也便于清除，每批犊牛转群后可以集中消毒等。室内犊牛岛适合北方较寒冷地区使用，尤其是刚出生不久的犊牛使用。

室内犊牛岛靠近产房，要求每犊一个，犊牛岛长 130cm，宽 80~110cm，高 110~120cm，侧面用钢丝网、木条、塑料等制成，通过完全隔离或其他方法来防止犊牛间互相吮吸，能有效防止病原微生物在病牛与健康牛之间传播。底部用木制漏缝地板制成，便于排尿和保温。正面有向外开的门，还有颈枷，下方有两个活动的钢筋圈，放饲喂牛奶、犊牛料、饲草和饮水的用具。一般是喂牛奶后放置水桶以供饮水，犊牛料的饲草共用一个用具，可以做到自由饮水和采食。后面有通风孔，无顶部。

室外犊牛岛呈一种半开放式，是前高后低或者前低后高的直角梯形，两侧面长分别是 150cm 和 165cm，前面和后面分别是 115cm 和 145cm，顶部是 130cm×170cm 的矩形，在每个犊牛岛前面有各自独立的运动场，运动场长、宽和高分别是 300cm、120cm 和 90cm，运动场围栏用钢筋围成栅栏状，围栏前有活动的钢筋圈，放饲喂牛奶、犊牛料、饲草和饮水的用具。每头的占地面积是 5.6m^2（图 2-9）。

图 2-9　室外犊牛岛

（三）后备牛舍设计与修建

在后备牛养殖区的最北侧，依次为育成牛、青年牛养殖区。

后备牛牛舍（除哺乳犊牛牛舍外）采取南北走向设计，内设采食通道、饲槽、颈枷，在牛舍北面设运动场，在运动场的最北部设休息舍，休息舍为单坡设计，内设卧床、水槽。休息舍和牛舍之间用硬化地面连接。

选择在断奶犊牛牛舍的南侧建设育成牛牛舍，在育成牛牛舍南侧建设青年牛牛舍。育成牛牛舍和青年牛牛舍饲喂区内设置采食通道、饲槽、颈枷，但尺寸大小应做相应变化；在饲喂区南面和北面各修建一排对头式卧床，卧床置于牛棚之下，运动场硬化。

第三节　奶牛场辅助设施的建设

一、福利设施建设

奶牛福利设施本着采食和饮水舒适（有利于采食量和产奶量提高）、躺卧舒适（有利于牛蹄和乳房健康、有利于提高产奶量和降低体细胞数）、行走舒适（有利于牛蹄健康、有利于展现发情征兆）、环境舒适（有利于缓解热应激，有利于采光、通风）、刷拭舒适（有利于牛体卫生、有利于提高免疫力和产奶量）而设计和修建。

1. 运动场

运动场的大小根据牛群规模而定，其面积一般为：成母牛平均 20m²/头，育成牛及青年牛平均 15m²/头，犊牛平均 8m²/头。

运动场地面可用三合土碾压而成，要求有一定的坡度，靠近牛舍一侧稍高，向对侧倾斜。禁止全部用混凝土或砖石铺运动场。

运动场内应设饮水池、饲槽、凉棚（高 3～3.6m，面积每头 $5m^2$），有时还可以配置卧床。两侧设有排水沟（宽 0.8～1.5m，深 0.5～0.8m，长度稍大于运动场，根据降雨量确定），便于排水畅通，运动场周围应植树绿化。

运动场四周设围栏，栏高 1.5m，栏柱间距 2～3m，横栏间隙为 0.3～0.5m。围栏用钢管焊接或用水泥柱作栏柱，再用钢筋、钢管或木柱等串联在一起。围栏门宽 2m。

2. 卧床

卧床的设计和管理是现代奶牛舒适度管理的重点内容。卧床的尺寸依据不同生理阶段有别，成年牛卧栏长度×卧栏宽度×颈枷距离为 2.25m×（1.20～1.25m）×0.85m；育成牛为 2.00m×1.10m×0.55m；犊牛为（1.60～1.80m）×（0.70～1.00m）×0.45m，应视奶牛体格大小进行相应的调整。卧床为两列头对头式或单列式，置于牛舍中间或侧面，卧床内用沙子作为垫料。图 2-10 为单列式卧床的主要设计参数。

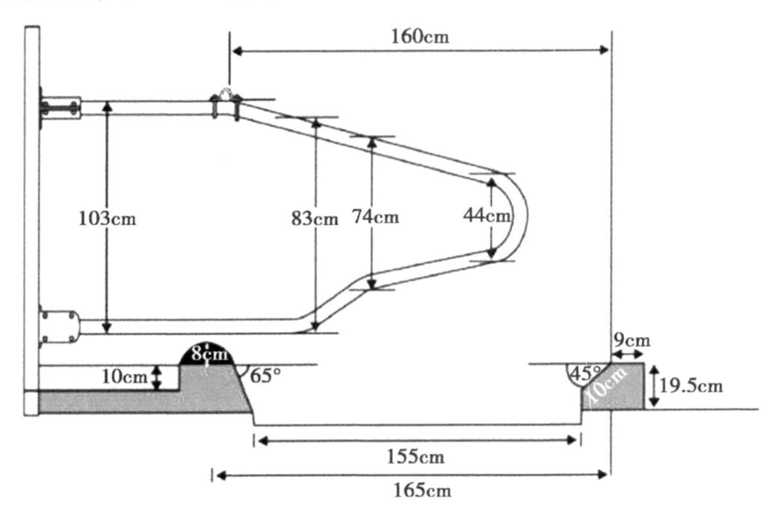

图 2-10　单列式卧床的主要设计参数

3. 喷淋（喷雾）与风扇设施

在热应激频发的温热地区，设置喷淋（喷雾）与风扇设施是实施精准饲养的重要措施。喷淋与风扇设施一般安装在采食区、待挤厅等区域，安装喷淋与风扇设施的前提条件是水泥地、有适当的面积、排水良好和容易控制等。

直接喷淋牛体，通过强制通风，带走奶牛体表的热量，无论环境干湿都有效果。采取喷淋凉水或自动淋浴等措施的耗水量大、排污压力大、成本也高，潮湿环境肢蹄病发病率也增加，要因地制宜，可用经特殊设计的喷雾或雾化装置结合风扇设施消解热应激。

使用风扇可排出有害气体（氨气、二氧化硫），供应新鲜的氧气，消除病原菌和灰尘，排除空气中和地面的水分，消除病原菌和灰尘。

4. 凉棚

在未配备卧床的运动场、采食区、饮水区等设置凉棚可减少30%的太阳辐射热。运动场凉棚以高为宜（如5m），一方面便于通风，另一方面也减少了棚顶对奶牛的热辐射。顶棚所选用的材料应有良好的隔热性能且辐射系数小，也可通过在其表面涂刷反射率高的油漆或设置中间留有空隙的双层板结构以降低棚顶对辐射热的吸收，同时，顶棚的角度、结构及凉棚朝向也应考虑，顶棚以钟楼式或倾斜式（18°~22°为宜），其有助于热气流向上流动，但倾斜度不宜小于18°，否则空气流动受阻，造成夏季室温增高。此外，凉棚朝向应考虑夏季主风向和太阳入射角。

二、饲草料加工与贮存设施

1. 草库

建在靠近青贮窖和场区主干道、地势干燥、排水通畅的地方，以方便取放。跨度以12m、屋檐下高度为5~6m为宜，顶部防雨性能良好。存放切碎粗饲料的草库三面应有墙，草库的窗户离地面为 4m 左右；存放草捆时三面设 1.2～1.5m 高的坎墙，另一面面向 TMR 加工间。为安全起见，棚内禁止铺设电线，远离变压器、燃油罐等设备设施，附近设防火栓或防火水池，与外界严格隔开，并保持适当的安全距离。

草库大小根据饲养规模、粗饲料的贮存方式、日粮的精粗比、容重等确定。一般情况下，切碎玉米秸的容重为 50kg/m^3，草捆按 300kg/m^{3}计算。在已知容重情况下，结合饲养规模及采食量大小，作出对草库大小的粗略估计。

2. 青贮窖

青贮窖是贮存青贮的容器，用于存放青贮的容器还有青贮塔和塑料袋青贮等，我国常用窖式贮存法。青贮窖分为地上式、地下式和半地上式青贮窖。地上式青贮窖便于存放、切短青贮原料和取料，窖内不积存雨水，也方便清扫；地下式青贮窖不利于清除积水，青贮容易腐烂，更不便于 TMR 饲喂车的操作等；半地上式青贮窖介于两者之间。

青贮窖多采用长方形，窖的四壁呈 95°倾斜，即窖底尺寸稍小于窖口，窖深以 2.5～4.0m 为宜，窖的宽度应根据牛群日需要量和饲喂方式而定，从牛群日需要量方面考虑以每日从窖的横截面取 8cm 以上为宜，多多益善，以避免二次发酵；从饲喂方式来看，如果采用 TMR 饲喂车饲喂，则以 TMR 饲喂车在窖内驾驶为宜。窖的长度根据饲养规模、地形地势等决定。窖的大小以集中人力 3～5d 装满为宜。青贮窖最好有两个以上，以便轮换搞青贮或氨化秸秆使用。窖址可选择在地势高燥，排水良好，土质坚硬，地下水位低，向阳，距牛舍较近的地方。青贮窖开口处底标高与道路持平，窖底两头各 1/3 有 0.2%～0.3% 的坡度，窖底中段 1/3 坡度为 0°，地面承压 30t。从长远及经济角度出发，不可用土窖，因其原料霉变多。应修筑永久性窖，即用砖石或混凝土结构。

青贮窖的容量因饲料种类、含水量、原料切碎程度和窖深而变化，一般每立方米容积可装全株玉米青贮 650kg、普通玉米青贮 450~500kg、牧草青贮 500~550kg 等。

联栋青贮窖可节省土地，是一种值得提倡的方式（图 2-11）。

图 2-11　联栋地上式青贮窖

3. 饲料加工场与精饲料库

饲料加工场应包括原料库、成品库、饲料加工间等。原料库的大小应能贮存奶牛场 10~30d 所需的各种原料，成品库可略小于原料库，库房应宽敞、干燥、通风良好。原料库、成品库、饲料加工间面积比一般为 3.3∶1∶1。室内地面应高出室外 30~50cm，以水泥地面为宜，房顶要具有良好的隔热、防水性能，窗户要高，门、窗注意防鼠，整体建筑注意防火等。

没有饲料加工场的奶牛场必须配备精饲料库。为方便取放，建议用精饲料塔存放，这种方式更省空间、减少人力和包装材料费用。

4. 晾晒场

在夏秋季节，一些多余的天然或人工牧草、农作物秸秆、未达到规定水分含量的谷实类饲料等，必须晒干后才可贮存。

晾晒场一般由草棚（或原料库）和前面的晒场组成。晾晒场的地面应洁净、平坦和结实，上面可设活动草架，便于晒制干草，草棚为棚舍式。

5. TMR 加工间

如果采用固定式 TMR 搅拌设备，需要配套 TMR 加工间。TMR 加工间应布置于干草棚、精补料库和青贮窖等建筑的中心位置，便于取放各种饲料原料；如果采用移动式 TMR 设备的，无须建造 TMR 加工间。

根据固定式 TMR 设备的大小设计 TMR 加工间，一般采用彩钢屋顶、三面围墙、一面敞开的结构设计和建造，内部附属设备有磅秤、上水、动力和照明等辅助设施设备。室内地面高于外面道路标高 20cm。

三、防疫与无害化处理设施

（一）奶牛场的防疫设施

1. 消毒池

奶牛场大门和生产区入口应分别建设入场车辆消毒池，宽度应与入口处等宽（最少为 2.5m 宽），长度在 3m 以上，一般达到 4~5m，深度不小于 15cm，池两端砌成斜坡，以便车辆通过，池内置消毒液，根据药性定期更换。

2. 消毒垫

用于生产区消毒室和牛舍入口，用消毒液喷洒在铺垫于入口的废麻袋、棕垫或简易地毯上，应有少量药液渗出为好。

3. 消毒室

在生产区入口处，室内装紫外线消毒灯，距地面 2m，以紫外线有效消毒距离 2m 计算所需数量，一般 30min 即可。室内设吸水性较强的消毒垫，设 S 形消毒通道，还设更衣间及更衣配套的座椅等。

4. 隔离舍

用于观察和治疗病牛，一般建在奶牛场偏僻的下风向和低洼处，并铺设水泥地面，墙壁也应用水泥抹至 1.5m 以上高度，以便消毒。

5. 隔离沟

一般在疫情严重的地区和大型奶牛场的周围挖沟区，沟宽为 6m 以上，沟深 3m，里面放水，水深不少于 1m，最好为有源水，以防蚊虫滋生。隔离沟能有效防止疫病传播。

6. 隔离墙

奶牛场周围、奶牛场内部的生产区设隔离墙，以控制闲杂人员及其他动物进入场区和生产区，墙高 3m。

7. 场区道路规划

场区内严格划分出净道和污道。净道是牛群周转、场内工作人员行走、场内运送饲料的专用道路。污道是场内用于运送粪便等废弃物的专用道路。场内主道路宽不少于 6m，路边配制有效排水系统和绿化带，支道宽不少于 4m。

场内在分区基础上，通过适当的隔离距离、隔离带（围墙、林带/绿地）、净污道与栋间距等实施分隔。

（二）无害化处理设施

坚持源头减排、过程控制、达标排放是粪污治理的原则，以实现奶业可持续发展的目标。

1. 堆粪场

堆粪场是堆积粪便、废褥草和剩草的场地，经过堆积使其自然高温发酵，腐熟为无害的有机肥，供种植业使用。其有效容积至少能容纳 6 个月粪便生产量，并修建收集堆肥渗液的贮存池，并做到防渗漏、防雨淋的要求，配制雨水排水系统。

一头成年奶牛体重为 600kg 前提下，在维持状态下每年排泄新鲜粪量和风干粪量分别为 5 475kg 和 1 168kg，其体积为

1.5~2.0m^3。干奶期奶牛一般饲喂部分干草和全株玉米青贮，干物质消化率较低，泌乳期奶牛一般以全株玉米青贮为主要粗饲料，干物质消化率较高，年泌乳量按照7 500kg计算，每头奶牛每年按照305d泌乳期和60d干奶期，则每年风干粪量大约为1 854.25kg，体积2.4~3.2 m^3。

奶牛群结构与堆粪场体积有关。一般情况下，牛群中泌乳牛的比例为60%左右（58%~72%），青年牛16%~18%，育成牛13%~15%，12~18月龄育成牛6%~7%，6~12月龄育成牛7%~8%，犊牛比例为8%~9%。青年牛、育成牛和犊牛分别按照0.42、0.38和0.20个成年奶牛单位计算。则每100头存栏量的排粪量相当于81.67头泌乳牛，年产151.42t（风干量），需要196.01~261.34 m^3。

建议奶牛场实行干清粪工艺清理粪便，以干清粪工艺进行无害化处理的奶牛场，其堆粪场有效容积至少能容纳6个月粪便生产量，每100头存栏量需要98.01~130.67 m^3。

2. 尿污池

尿污池是收集来自运动场、牛舍、奶厅及其他建筑物屋顶等产生的尿、污水及雨水等的设施，以便对尿、污水等作无害化处理后做种植业肥料。总有效容积应根据贮存期决定，贮存期不得低于当地农作物生产用肥的最大间隔时间、冬季封冻期或雨季最长降雨期，根据生产实践，一般不少于30d的排放总量。尿污池的结构应符合《给水排水工程构筑物结构设计规范》（GB 50069—2002）的有关规定，具有防渗、防雨功能。

尿污池体积应根据当地降雨量、运动场地面、当地气温等实际情况确定。

3. 沼气池（站）

有条件和能进行商业化供应沼气的奶牛场，可根据实际情况建设沼气池（站）。生产沼气是利用厌氧细菌（主要是甲烷菌）对牛粪等有机物进行厌氧发酵产生沼气，沼气生产过程中

粪便残渣中95%的寄生虫卵被杀死，钩端螺旋体、大肠杆菌全部或绝大部分被杀死，同时残渣中还保留了大部分养分。这种废渣呈黑黏稠状，无臭味，不招苍蝇，施于农田肥效极高。生产沼气既能合理利用牛粪，又能防治环境污染。

4. 病死畜处理设施

有条件的奶牛场应有自己的病死畜处理设施。

（三）其他附属设施

1. 水井与水塔

选择在全场污染可能性最小的地方建水井，水质应达到有关要求，用于奶牛饮用的水不宜用氯或初生态氧处理。水质达不到要求时，可通过过滤、凝结、离子交换或吸附等方式去除水中的有机物、有毒和有害物质。

水塔应建在奶牛场的中心，供水主管道直径按满足全场同时用水的高峰值的需要配置。

2. 地磅与卸牛台

奶牛场需设置20t左右的地磅，旁边设地磅房，用于收购饲草和牛的称重，可设为棚式，建在运输草料的主要通道处。

卸牛台用于销售和购入奶牛时装卸牛只的设施，分为活动式和固定式。固定式为砖石结构，高度与常用运输牛只的车辆箱底同高，宽度略大于车辆宽度，包括一个大小能容纳5头成年牛站立的平台和相同宽度的小于30°的斜坡，卸牛台周围设1.2m高的围栏，与地磅房相邻。

活动式卸牛台是由角钢、圆钢组成的钢架，4个万向轮、木板铺成的斜面构成，为一个角度为30°的、直角三角形形状的活动平台，斜面是牛只上下车辆的通道，须做防滑处理，两侧设1.2m高的围栏，宽度和高度同固定式卸牛台。

3. 隔离噪声设施

奶牛场选址有时因条件限制，无法避开噪声源，或者建场后在牛场附近出现新噪声源，尤其是噪声达到75分贝以上时，往往影响奶牛的反刍、休息和采食，最终影响生产性能的发挥。为了减免环境噪声，可采取以下措施消减。

（1）设置隔音屏。根据音屏减免噪声作用原理，音屏材料分为吸声材料和消声材料，一般以吸声材料经济实用。这些材料一般是多孔、透气的材料，如泡沫塑料、毛毡、海绵、木丝板、草帘子等，这些材料需要有钢架扶持。隔音屏对于高频噪声有很好的效果，但对于低频噪声，吸声材料不是很有效，为了增加低频噪声的吸收，就得大大增加材料厚度，或者采用共振吸声方法吸收。

隔音屏可以用吸声砖砌成墙，根据噪声源高度、周围建筑物高度确定其高低长短。

当场区内绿化消音带较多时，可以把隔音屏上的材料换为刚性材料，也可以用反射原理，形成多次反射，最后被吸声材料和绿化消音带吸收或阻隔。

（2）设置绿化消音带。绿色植物不仅吐氧吸碳，能释放多种植物杀菌素，杀灭悬浮在空气中的各种病原微生物，还可阻隔噪声，给人们以宁静的环境。绿化消音带须同时种植乔木和灌木，一行乔木间隔一行灌木，错落有致，根据噪声大小设置多行乔木和灌木，无论是否有噪声源，在建场后都应种植树木，绿化牛场，美化环境，调节奶牛场小气候。

第三章　奶牛的常用饲料及其加工

第一节　饲料的分类

一、国际饲料分类法

根据饲料中的各种营养物质的含量特点和饲喂特点，美国学者哈理斯建议，将饲料分成下列八大类。

（1）粗饲料。饲料干物质中的粗纤维含量大于或等于18%，以风干物饲喂的饲料。

（2）青绿饲料。天然水分含量达60%以上的新鲜饲草。

（3）青贮饲料。以天然植物性饲料为原料，以青贮的形式贮存。

（4）能量饲料。饲料干物质中粗纤维含量低于18%，且粗蛋白含量低于20%的饲料。

（5）蛋白质饲料。饲料干物质中粗纤维含量低于18%，且粗蛋白含量大于或等于20%的饲料。

（6）矿物质饲料。天然或人工合成的、可用来补充矿物质的无机盐。

（7）维生素。工业合成或提炼的维生素制剂。

（8）添加剂。能促进动物生长繁殖，改善饲料品质，保障动物健康而加入饲料中的微量物质，但合成氨基酸和维生素不包括在内。

二、中国饲料分类法

根据国际饲料分类原则分为八大类，结合中国传统饲料分类习惯，将饲料分为16亚类，分别为：

①青绿饲料；②树叶类；③青贮饲料；④块根、块茎、瓜果类；⑤干草类；⑥农副产品类；⑦谷实类；⑧糠麸类；⑨豆类；⑩饼粕类；⑪糟渣类；⑫草籽树实类；⑬动物性饲料；⑭矿物质饲料；⑮维生素饲料；⑯添加剂及其他。

三、养牛传统饲料分类

我国劳动人民在长期的生产实践中，形成了自己朴素而较科学的饲料分类习惯。

（1）粗饲料。各种野生或种植的青干草，农作物的藤、蔓、秸、秕、荚，树叶，青绿饲料、青贮饲料等。

（2）精饲料。包括谷实饲料，麦麸，豆类，饼粕类等。

（3）糟渣类。包括豆腐渣，酒糟，啤酒糟，醋糟，甜菜渣，粉渣，酱油渣，玉米淀粉渣等。

（4）添加剂。包括矿物质、维生素等营养性及非营养性添加剂。

（5）块根、块茎、瓜果类。包括胡萝卜、甘薯、马铃薯、饲用甜菜、番瓜、芜菁、西葫芦、西瓜等。

第二节　奶牛场常用饲料种类及营养特点

由于各种饲料的营养特性及饲喂方式不同，在实践中互相搭配能产生截然不同的效果。

一、青绿饲料的营养特性

青绿饲料属于粗饲料的范畴，包括天然牧草、人工牧草

（苜蓿、三叶草、草木樨、黑麦草、苏丹草、青饲玉米）、叶菜类（苦荬菜、聚合草、甘蓝）、水生饲料（水浮莲、水花生、水葫芦、绿萍）等，自然水分含量在60%以上。

（1）含水量高，易消化，能量低，具有轻泻、保健作用。

（2）蛋白质含量较高，蛋白质中的氨化物较多，可达30%~60%，对生长、繁殖、泌乳有良好作用。

（3）粗纤维含量较低，木质素低，无氮浸出物较高。

（4）钙、磷比例适宜，豆科牧草更为突出，还含有铁、锰、锌、铜、硒等必需的微量元素。

（5）维生素含量丰富，其中维生素A族、维生素B族（B_6缺乏）、维生素E、维生素C、维生素K含量丰富。

从总的营养特性看，它是一种营养相对平衡的饲料，适口性好，干物质采食量大，干物质中消化能较低，应与蛋白质饲料、能量饲料和矿物质配合使用。

二、谷实类饲料

谷实类饲料是能量饲料，属于精饲料的范畴，主要包括玉米、高粱、大麦、燕麦等，其营养特点如下。

（1）无氮浸出物含量高，尤其是淀粉含量高，有效能值高。

（2）粗纤维含量低，一般在10%以下。

（3）适口性和消化性能好。

（4）蛋白质和氨基酸含量不足，一般粗蛋白含量为8.9%~13.5%，蛋氨酸、赖氨酸、色氨酸不足。

（5）钙少磷多，钙含量小于0.1%，钙、磷比例不合适。

（6）缺乏维生素A和维生素D。

这类饲料在瘤胃中发酵的产物是丙酸，沉积体脂肪的能力强，是最重要的一类饲料，一般占精料补充料的比例为40%~60%。

三、糠麸类饲料

糠麸类饲料属于能量饲料，是碾米、制粉的加工副产品，同原粮相比，其无氮浸出物含量较少，而其他养分均较高。糠麸类包括稻糠、米糠、高粱糠、玉米糠、小麦麸等。这类饲料的体积大，粗纤维含量高，适口性较好（高粱糠除外），米糠和麦麸的磷含量达1%以上，钙少磷多，并含有丰富的维生素B族，胡萝卜素和维生素E含量较少，在饲喂过程中均需限量，否则会影响肉的品质（如长期饲喂米糠可使肉牛体脂肪变黄），保存时应通风、干燥。另外，高粱糠因含有单宁，适口性差，过量可引起便秘，应合理利用。

四、饼粕类饲料

饼粕类饲料是油料籽实提取油后的产品。凡用压榨法提取后的产物通称饼，用浸提法提取后的产品通称粕。这类饲料有豆饼（粕）、花生饼（粕）、棉籽饼（粕）、菜籽饼（粕）、芝麻饼（粕）、葵花饼（粕）、胡麻饼（粕）等。其营养特点是蛋白质含量高，蛋白质含量为22%~44%、油脂含量高，为5%左右，氨基酸组成较完全，粗纤维含量较低，钙少磷多，富含维生素B族，胡萝卜素含量较低，而无氮浸出物比一般谷实类低，价格也比较高。

1. 大豆饼（粕）

蛋白质含量达40%以上，熟豆饼（粕）色黄味香，适口性好，赖氨酸含量高，蛋氨酸不足，品质好。根据反刍动物的特点，它可将质量较差的蛋白质转化为微生物蛋白质，故大豆饼（粕）多数仅用来饲喂犊牛和高产奶牛，较少用于肉用牛。大豆饼（粕）中有抗胰蛋白酶、尿素酶、血球凝集素、皂角苷、甲状腺肿因子等抗营养因子，最主要的是抗胰蛋白酶，经高温后可被破坏，时间较长时还可复活，加热过度，会降低赖氨酸、

精氨酸的活性，使胱氨酸遭到破坏，所以必须合理加工利用。

2. 花生饼（粕）

蛋白质含量达 38%～42%，其使用情况和大豆饼（粕）相似，氨基酸组成没有大豆饼（粕）好，但它没有抗营养因子，多数情况下用于单胃动物，很少用于喂牛。花生饼（粕）易感染黄曲霉，因此，贮藏时不可发霉。

3. 棉籽饼（粕）

蛋白质含量为 22%～44%，完全去壳的叫棉仁饼（粕），未去壳的叫棉籽饼（粕），多数情况下是两者的混合物。其营养特点是蛋白质含量高，含硒量少，其他较平衡，适口性好，棉籽饼（粕）中含有棉酚，长期大量饲喂可引起中毒，并使母牛配种较困难，棉籽饼（粕）价格低，在限量饲喂、短期饲喂或大量饲喂补加维生素 A 的情况下，均可获得好的效果，所以是一种常用的饼粕类饲料。

4. 菜籽饼（粕）

粗蛋白含量为 30%～37%，钙、磷含量高，硒的含量为植物饲料之首，菜籽饼（粕）含有芥子苷，是一种毒性较大的饲料，其味苦，适口性差，焖料后更甚，可限量或脱毒后饲喂。

5. 胡麻饼（粕）

粗蛋白含量为 36%～40%，维生素 B 族、胡萝卜素含量较高，胡麻饼（粕）中未成熟的胡麻籽榨油后，含有较多的生氰糖苷，它在瘤胃中易生成氢氰酸，是剧毒物质，胡麻饼（粕）中一般含有芥菜饼，也有毒，芥菜饼使适口性下降，应加以注意。

多种饼粕类饲料同时应用，可互相弥补营养不足，达到限量使用各种饼粕类饲料的目的，可获得令人满意的效果。

五、块根块茎类饲料

块根块茎类饲料包括甘薯、马铃薯、胡萝卜、木薯、饲用甜菜、菊芋及番瓜等。这类饲料的水分含量高（75%～94%），使其营养浓度较低，就干物质而言，无氮浸出物含量高（67.5%～88.1%），而且多是易消化的糖分、淀粉或戊聚糖，粗纤维较低（2.1%～12.5%），故容易消化，松脆多汁，适口性好，有些块根块茎类饲料蛋白质含量很低，如木薯、甘薯，分别为3.3%和4.5%，胡萝卜、番瓜、饲用甜菜等的蛋白质含量较高。

块根块茎类饲料的维生素含量因种类差别大，胡萝卜、番瓜含胡萝卜素丰富，芜菁、胡萝卜、饲用甜菜的维生素C含量高，但都缺乏维生素D。

块根块茎类饲料在饲喂中要适量，防止冰冻，黑斑甘薯、发绿的马铃薯有毒，应禁喂。

六、糟渣类饲料

糟渣类饲料是酿造、制糖及淀粉加工的副产品，其营养特点是新鲜时水分含量高，为70%～90%，蛋白质含量高，为25%～33%，体积大，含有丰富的B族维生素和一些刺激生长的未知因子。

这类饲料主要包括啤酒糟、白酒糟、醋糟、酱油渣、豆腐渣、甜菜渣等。啤酒糟是乳牛的好饲料，蛋白质含量为25%左右，日喂量在10～15kg。白酒糟常用于肉牛，蛋白质含量为19%～30%，因其中混有残留酒精，常引起母牛流产、死胎，一般牛视力下降甚至失明，并波及胎儿，一般日喂量在10kg。酱油渣的蛋白质含量为30%左右，粗纤维高，能量低，钙少磷多，食盐含量高达7%，应限量饲喂。豆腐渣应熟喂，生喂使饲料消化率下降。醋渣体积大，酸度高，粗纤维含量高，可限量饲喂。由于糟渣类饲料的加工原料和加工方法不同，使用时可先少量试喂一段时间，观察无异常表现后再正式使用。

七、粗饲料

指饲料干物质中的粗纤维含量大于或等于18%的饲料。牛的粗饲料种类较多，在生产实践中，最常用的是青干草和农作物秸秆。

青干草是青草在尚未结籽以前刈割，经自然干燥或人工烘干制成的。常见的有苜蓿、红豆草、沙打旺、小冠花、羊草等。

这类干草营养价值高，含有较高的蛋白质（禾本科7%～13%，豆科10%～21%）、胡萝卜素、维生素D、维生素E及矿物质，还有一定量的B族维生素，适口性好，牛的采食量也高。由于是干草，粗纤维含量高，为20%～30%。

青干草是牛获得高生产性能所必需的最重要粗饲料，在饲喂中，一是要注意进行过渡，使牛适应其口味和提高消化性；二是不能喂发霉、变质的青干草。

秸秆是农作物收割后的茎秆和残余叶片，是农区养牛的主要粗饲料，主要有稻草、麦秸、玉米秸、谷草、豆秸（大豆秸、蚕豆秸、豌豆秸、豇豆秸等）。秸秆的粗纤维含量高达25%～50%，木质素多，无氮浸出物主要是半纤维素和多缩戊糖的可溶部分，消化率低（25%～68%），可发酵氮源和过瘤胃蛋白质含量过低，单独饲喂不足以维持瘤胃中微生物的正常生长和繁殖，这类粗料钙含量较丰富，磷含量很少，除维生素D外，其他维生素均缺乏。

八、矿物质饲料

矿物质饲料一般指为牛提供食盐、钙源、磷源的饲料。

食盐的主要成分是氯化钠，用其补充植物性饲料中钠和氯的不足，还可以提高饲料的适口性，增加食欲。牛喂量为精料的1%～2%。

石粉和贝壳粉是廉价的钙源，含钙量分别为38%和33%左右，是补充钙营养的最廉价的矿物质饲料。

磷酸氢钙的磷含量18%以上，含钙不低于23%；磷酸二氢钙含磷 21%，钙 20%；磷酸钙（磷酸三钙）含磷 20%，钙39%，均为常用的无机磷源饲料。

九、饲料添加剂

饲料添加剂的作用是完善饲料的营养性，提高饲料的利用率，促进牛的生产性能和预防疾病，减少饲料在贮存期间的营养损失，改善产品品质。

氨基酸添加剂主要用于犊牛，一般牛不需额外添加，但对于高产奶牛添加过瘤胃保护氨基酸，可提高产奶量。

微量元素添加剂主要是补充饲粮中微量元素的不足。对于牛一般需要补充铁、铜、锌、锰、钴、碘、硒等微量元素，需按需要量制成微量元素预混剂后方可使用。

牛有发达的瘤胃，其中的微生物可以合成维生素 K 和 B 族维生素，肝、肾中可合成维生素 C，一般不需额外添加这些维生素，只考虑维生素 A、维生素 D、维生素 E。犊牛、高产奶牛、应激状态牛等应考虑添加所需的维生素。

瘤胃发酵缓冲剂中常用的有碳酸氢钠，可调节瘤胃酸碱度，碳酸氢钠添加量占精料混合料的 1.5%。氧化镁作用效果同碳酸氢钠，两者同时使用效果更好，用量为占精料混合料的 0.8%。

第三节　粗饲料加工

一、干草的晒制

一些多余的天然或人工牧草、野青草可以晒制成干草，以利贮存。青草应适时收割，兼顾产草量和营养价值。收割时间过早，营养价值虽然高，但产量会降低；而收割过晚，会使营养价值降低。还应避开阴雨天，避免晒制过程中营养物质损失。

晒制时，先将青草铺于地面，暴晒 5h 左右，也可采用草架晾晒，使青草内水分迅速减少到 40%左右，然后采用小堆晒法，把草堆成高 1m 直径 1.5m 的小垛，晾晒 4~5 日，待水分降到 15%~17%时，再堆于草棚内以大垛贮存（图 3-1）。

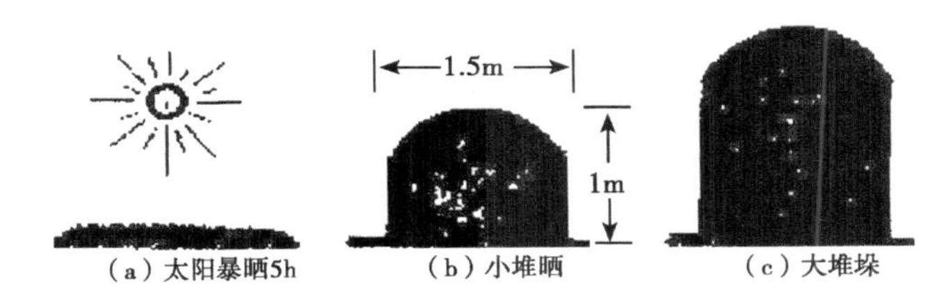

图 3-1　干草晒制方法（黄应祥，1998）

造成干草营养物质的损失包括生化方面、机械损失、照射和暴晒损失、雨淋损失。生化损失是指刚刈割的青草，细胞未死亡，在进行呼吸过程中，部分无氮浸出物水解成单糖，少量蛋白质水解成氨基酸等，机械损失指收割、扎捆、搂草、翻草、运输等过程中，一些枝叶脱落，阳光照射过程中，维生素 C 几乎全部损失，大部分胡萝卜素损失，但维生素 D 增加，雨淋使可溶性营养物质损失。

晒制过程中营养物质的损失是不可避免的，但为了使损失减少到最低程度，在翻草、搬运、堆垛过程中，要尽可能避免嫩叶破碎脱落，尤其是豆科草。雨淋也会使营养物质大量损失，可建简易干草棚。在干草棚内进行小堆晒制，干草棚四周可用立柱支撑，建于通风良好的地方，进行最后的阴干（图 3-2）。

图 3-2　人工阴干的草架

二、青贮

青贮是调制和贮藏青饲料、块根块茎类、农副产品的有效方法，和晒制干草相比，饲料经过青贮，可以改进饲料的适口性，减少养分的损失，便于集中人力制作，所需占地面积小，可达到长期贮存饲料的目的。

青贮可分为普通青贮、半干青贮和特种青贮三种。普通青贮是指采用的原料是青饲料，水分含量在 65%左右；而半干青贮原料也是青饲料，但水分含量在 45%～55%；特种青贮是在制作青贮时加入添加剂，以使其质量得以保证的方式。

1. 青贮原料的选择

青贮的原料来源广泛，很多青饲料都能制作青贮，以含糖量较高的青饲料效果最好，如禾本科作物或牧草；而豆科作物或牧草含蛋白质高，易腐烂，难以青贮，需用其他含糖较高的禾本科青饲料与之混合青贮。

青贮原料的适宜含水量为 60%～75%，以 65%最好。青贮含水量最好用分析方法测出，但在生产实践中难以测定，一般用手挤压作大致判别：用手紧握一把切碎的原料，如水能从指缝间滴出，其水分在 75%～85%；如水能从指缝间渗出来，但未滴下来，松手后仍呈球状，手上有湿印，其水分在 68%～75%；手松后草球慢慢膨胀，手上无湿印，其水分在 60%～67%；手松后草球立刻膨胀，其水分在 60%以下，不易

作普通青贮，只能制作半干青贮。

2. 青贮容器

青贮容器分为青贮窖（池或壕）、青贮塔和塑料袋青贮等。我国常用窖式贮存法。青贮窖多采用长方形，窖的四壁呈95°倾斜，即窖底尺寸稍小于窖口，窖深以2～3m为宜，窖的宽度应根据牛群日需要量决定，即每日从窖的横截面取4～8cm为宜，窖的大小以集中人力2～3d装满为宜。青贮窖最好有两个，以便轮换搞青贮或氨化秸秆使用。

窖址可选择在地势高燥，排水良好，土质坚硬，地下水位低，向阳，距牛舍较近的地方。从长远及经济角度出发，不可用土窖。应修筑永久性窖，即用砖石或混凝土结构。

青贮窖的容量因饲料种类、含水量、原料切碎程度和窖深而变化，一般每立方米容积可装玉米秸450～500kg、牧草青草500～550kg等。

3. 制作方法

青贮前，先将窖底及四周清扫干净衬上塑料薄膜，再垫上10～5cm厚的碎秸秆或干草。便于吸收多余的青贮汁液。将青贮原料切碎，越短越好，装在窖中，边装边压实，特别是窖的四周及四角，一般小窖用人工踩实，大型窖可用链轨式拖拉机随装随压实，当所装原料高出窖口100～150cm以上时，即可封窖。用塑料薄膜严密覆盖窖口。使窖顶呈馒头状或屋脊状，以利排水，然后在塑料薄膜上平铺一层土即可。

4. 开窖饲喂

封窖后20d，用禾本科作物或牧草制作的青贮，就可开窖；纯豆科植物青贮，40d后才可开窖，长方形窖应从背风的一头开窖，每天切取4cm以上。小窖可将顶部揭开，每天水平取料5cm以上。取完后用塑料薄膜盖住，防止日晒雨淋和二次发酵。取出青贮料，冬季应放在室内或圈舍，以防冰冻后饲喂引起牛拉稀或母牛流产等。

5. 品质鉴定

青贮料的鉴定常用指标有颜色、气味、质地和 pH 值。

（1）颜色。优质青贮料的颜色为青绿色、黄绿色，接近原料的颜色；中等青贮呈黄褐色或暗绿色；劣质青贮为褐色、黑色或黑绿色。

（2）气味。优质青贮料散发出酸香味，略带酒香味；中等青贮为醋酸味，缺乏香味；劣质青贮有恶臭味和发霉味。

（3）质地。优质青贮料质地紧密、湿润、易分离，一般不结块；劣质青贮易结成团，质地松软，手感发黏。

（4）pH 值。优质青贮料 pH 值介于 3. 8~4. 4，中等为 4. 5~5. 4；劣质青贮为 5. 5~6. 0。

三、氨化

秸秆经过氨化后，提高有机物消化率和粗蛋白含量；改善适口性，提高采食量和饲料利用率；防止饲料霉变。

目前，氨处理常用液氨、氨水、尿素和碳铵等，实践中一般用后两者。

1. 尿素碳铵氨化法

（1）用砖、石、水泥砂浆砌底槽。

（2）铺垫农用无毒塑膜，把整捆秸秆排成一层，喷洒 10%尿素溶液或 10%~25%碳铵溶液。

（3）每垛一层，喷液一次，总液量为秸秆的 50%。

（4）覆盖无毒塑膜，沙土压边，封口，用绳子垂石块重物压紧，以免风害。

（5）气温 20℃以上，20~30d 氨化成功（可透过塑膜看见棕色优良氨化秸秆），揭去塑膜，把草捆摊开、晒干、切碎、保存，即可饲喂。

2. 利用氨水整草氨化法

（1）氨化槽。砖、石与水泥砌成，底部铺一层无毒农用塑

膜防渗漏。

（2）垛秸秆，无毒农用塑膜覆盖，与底垫塑膜连接，沙土压紧密封。

（3）按秸秆的40%～50%（重），用漏斗注入9%～10%氨水；20℃以上15～20d氨化完毕（可透过塑膜观察颜色变化来决定是否氨化完成），其余与尿素法相同。

（4）整草氨化（图3-3、图3-4）。一般可用垛或窖的形式处理，但秸秆不宜切碎。其制作过程相似于制作青贮，秸秆含水量应控制在35%～45%，氨化时尿素用量为3%～5%，碳铵用量为6%～12%。把尿素或碳铵溶于水中，分层按比例喷洒于秸秆上。最后用塑料薄膜密封。氨化时间与温度有关，一般为：5～15℃时，4～8周；15～30℃时，1～4周。开窖后，先晾晒，放净余氨、晒干、切碎再喂牛，防止氨中毒。氨化秸秆效果的好坏，主要凭感觉鉴别。好的氨化秸秆，其颜色为棕色或深黄色，发亮，气味煳香，质地柔软松散，窖内温度不高。如氨化后秸秆未变颜色，说明未氨化好；如颜色发白，甚至发黑、发黏、结块，有腐臭味，开垛后温度继续升高，表明秸秆霉变，不可饲喂（图3-3）。

图3-3　整捆堆垛氨化秸秆制作示意图

四、秸秆的碱化

碱处理秸秆的原理与氨化相同，所用化学制剂中不含有氮

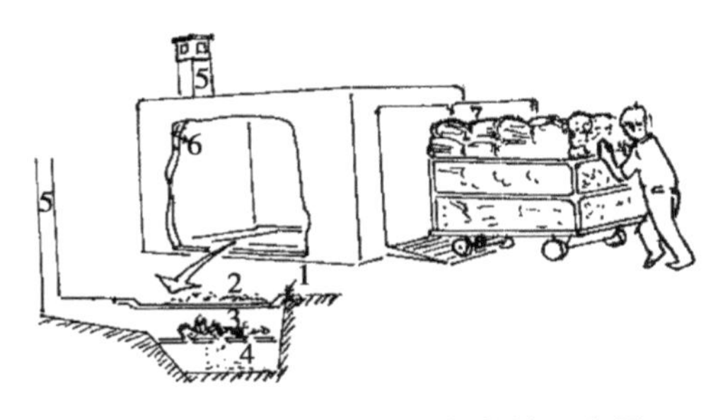

图 3-4　小型以煤为能源氨化炉示意图

1. 不锈钢加热板　2. 板上放碳酸氢铵　3. 炉膛　4. 灰坑　5. 烟道　6. 带隔热层炉墙（氨化炉壁）　7. 带隔热层炉门（用电作能源更好操作）

素，不像氨化那样可明显提高秸秆的含氮量，但能明显提高消化率，有机物消化率可提高 18.1 个百分点。与铡短的秸秆相比，粉碎的秸秆进行碱处理，可进一步提高消化率。

1. 氢氧化钠处理法

（1）湿处理。适于农村应用。用水量多，费劳力。将秸秆切成 2~3cm 长的小段或粉碎，浸入 1.5%氢氧化钠水溶液中 1~24h。大约每 100kg 秸秆加 800~1 000kg 溶液便能浸没秸秆，浸泡完毕后用清水将余碱洗去（使秸秆没有滑的感觉），含钠量不超过 0.8%即可饲用。

此外，还可以采用简单易行的喷洒碱水的方法：先将秸秆铡成 2~3cm 长的小段，每千克秸秆喷洒 5%氢氧化钠溶液 1kg，喷洒均匀，边喷边搅拌，放置 24h 即可喂牛。

（2）干处理。工厂化生产，不用水冲洗。每 100kg 粉碎的秸秆加入 10kg 50%的氢氧化钠溶液。然后搅拌均匀，装入颗粒机，制粒过程中温度升至 90℃。由于压力和温度提高了碱处理效果，氢氧化钠还是颗粒料的良好黏合剂，因而颗粒又硬又实，多余的水分在冷却过程中失掉。制粒、碱化不但提高了消化率，也提高了日增重和饲料利用率。

2. 氢氧化钙处理法

氢氧化钠处理虽然效果很好，但成本高，需消耗大量水，并造成钠污染。氢氧化钙来源广，价格便宜，也是碱处理秸秆的好途径。

制备溶液的石灰应新鲜，含氧化钙90%以上。将秸秆切成2~3cm长的小段，每100kg用3kg生石灰或4kg熟石灰（氢氧化钙）、1~1.5kg食盐，再加水200~250kg制成溶液。把这种石灰水喷洒在切碎的秸秆上，搅拌均匀，然后放置24~36h，不经冲洗即可饲喂。

五、秸秆的复合化学处理

1. 氢氧化钙和氢氧化钠复合处理

每100kg秸秆加1~1.5kg氢氧化钠和3~4kg氢氧化钙配成混合水溶液，其效果优于单独使用任何一种的处理。

2. 氢氧化钙和尿素复合处理

单独用氢氧化钙处理秸秆容易出现发霉现象，牛食入会导致中毒；如将氢氧化钙和尿素同时使用，即可解决发霉现象。可采用秸秆氨化处理法（堆垛、窖贮、塑料袋法）。取2.5~3kg尿素和3~6kg氢氧化钙，加水30kg（一般干秸秆含水量10%，加30kg水、使秸秆含水量达到40%左右）制成氢氧化钙和尿素溶液，然后均匀喷洒在100kg切短（2~3cm）的秸秆上，堆好踩实，密封。

六、机械加工

粗饲料中的干草、作物秸秆、块根块茎类饲料进行适当的机械加工，可以减少浪费，缩短采食时间，提高采食量和饲料利用率。

1. 铡短和粉碎

将秸秆切成1~3cm长，可以增加奶牛的采食量，或者用揉碎机将粗饲料揉搓成“麻刀”状饲料，可将采食率提高到近100%。当铡短秸秆的长度超过7.5cm时，容易剩在槽中被浪费掉。

2. 制粒

秸秆粉碎过细时，采食量下降，饲喂效果也下降。把其与精料混合制成颗粒，相当于全混合日粮，不仅有利于增加采食量，也有利于微生物发酵及真胃的消化。

第四节　精料的加工

精饲料的加工形式有粉碎、浸泡、蒸煮等。

一、粉碎

是常用的最简单的方式，谷物籽实、饼块料均需粉碎，适当的粉碎由于使消化酶和饲料表面接触面积增加，可以提高饲料的消化率，但粉碎过细时，适口性下降，采食量减少，唾液不能与精料充分混合，会妨碍消化，粉碎过程中粉尘增加，危害工人健康，提高加工成本。

二、浸泡

对一些坚硬籽实及饼块，经浸泡可软化或溶去饲料中的一些有毒物质，减轻饲料异味，提高饲料适口性，也有利于咀嚼。用水量依浸泡目的不同而异，用于减轻异味，可用热水浸泡；用于软化，可用料水比为1.0：1.0~1.0：1.5；用于脱毒，按料水比1.0：2.5的脱毒剂使用。浸泡时间因温度和饲料种类不同而异。以不引起精料变质为宜。夏天应注意浸泡精料及时喂完，保证不变质。浸泡过程中会使一些营养物质损失，有时还会使适口性下降。

三、蒸煮

豆类经过蒸煮可以破坏大豆中的抗胰蛋白酶，从而提高其适口性、消化率和营养价值，经蒸煮再炒，彻底将抗胰蛋白酶灭活，使消化吸收率达到最佳。

四、发芽

禾谷类籽实饲料大多数缺乏维生素，经发芽后可成为良好的维生素补充饲料。发芽的方法较为简单，即将要发芽的籽实用 15℃的温水或冷水浸泡 12～14h 后摊放在木盘或细筛内，厚 3～5cm，上盖麻袋或草席，经常喷洒清水，保持湿润。发芽室内的温度应控制在 20～25℃。发芽所需时间视室温高低和需要的芽长而定。一般经过 5～8d 即可发芽。

发芽饲料（大麦、青稞、燕麦和谷子等）的喂量，成年种公牛为每天 100～150g/头，犊牛和育肥牛可酌减。妊娠母牛在临产前不宜喂发芽饲料，否则会引起流产。

五、糖化

精饲料的糖化处理，就是利用禾谷类籽实中淀粉酶的作用，把饲料中一部分淀粉转化为麦芽糖，以提高饲料的适口性，方法是给磨碎的籽实饲料中加入 2. 5 倍的热水，搅拌均匀，放在 55～60℃的温度下，使酶发生作用。4h 后，即可使饲料中含糖量增加到 8%～12%，如果加入 2%的麦芽，糖化作用可以更快。

六、饲料颗粒化

饲料的颗粒化，就是将饲料粉碎后，根据牛的营养需要，按一定的饲料配合比例搭配，并充分混合，用饲料压缩机加工成一定的颗粒形状。

使用饲料颗粒化是因为颗粒饲料喂牛有以下优点：

（1）饲喂方便，有利于机械化饲养。

（2）饲养上的科学研究成果能及时得到应用。

（3）颗粒饲料可改善饲料的适口性（屏蔽不良味觉），颗粒饲料挤压过程中瞬间高温作用和延长咀嚼时间等，有利于消化。

（4）可以增加采食量。

（5）能充分利用饲料资源，减少饲料损失。

（6）颗粒饲料能避免运输过程中不同比重的原料的分级现象，特别是微量元素的分级，从而增加了饲料的安全性。

颗粒饲料一般为圆柱形，喂牛时以直径4~5mm、长10~15mm为宜。不同生理阶段的牛，其直径和长度有差别。

七、蒸汽压片

蒸汽压片是一种对玉米、大麦、燕麦等能量饲料进行湿热加工的加工工艺，可以提高玉米等能量饲料的生物学价值，改善其利用率，可以提高瘤胃淀粉、过瘤胃淀粉和总肠道淀粉消化率，还可以促进其他物质的消化代谢，减少氮、磷的排泄和对环境的污染，改善反刍动物生产性能和畜产品品质等优点。

其加工工艺为：先去除原料中混杂石块、金属等杂质，加水和表面活化剂（调制剂）调制，然后加8%~10%的水保持12~18h，使水分渗入玉米、大麦、燕麦等能量饲料中，再将玉米、大麦、燕麦等能量饲料输入一个立式不锈钢蒸箱内，经过100~110℃蒸汽加热40~60min，最后用2个预热的大轧辊把经调制和蒸汽处理的玉米压成特定容重309~386g/L玉米片，玉米的容重受加工挤压的程度而降低。

蒸汽压片处理过程中对玉米进行调制和蒸汽处理的目的是使玉米达到一定的水分含量，并在一定温度下对玉米淀粉进行湿热处理使其糊化。蒸汽处理时间一般为34~60 min ，可以使淀粉消化率达到最高。如果选择定压法时（将两个轧辊紧贴一

起，即二者之间的距离为零)，挤压压力为 3.5MPa，以保证玉米通过轧辊时会形成一定的间隙；如果选择定距法时（将两轧辊调到所需间距为 0.8~1.0 mm)，挤压压力为 6 MPa，保证轧辊间的距离不会随着下落玉米的增加和不断挤压而发生改变。

评价蒸汽压片玉米的质量主要指标有压片密度、压片厚度、玉米淀粉糊化度和淀粉酶降解程度，压片厚度作为质量标准的优势是其不随时间条件、地点的改变而改变，而压片密度却受很多因素影响，如含水量、测定容器的形状以及压片玉米的破损程度等。压片密度在 360g/L 左右可以使牛发挥最大的生产性能，糊化度50%~60%。

由于蒸汽压片破坏了玉米、大麦、燕麦等能量饲料表皮的蜡质层，易腐败，故使用压片玉米、大麦、燕麦等能量饲料时，应将其置于干燥通风处存放，避免阳光直射，在 7~10d 内使用完为宜，特别是盛夏季节不能存放太久。

第四章　奶牛的营养需要

第一节　成年母牛的营养需要

一、干物质采食量与粗纤维

1. 泌乳牛干物质采食量与粗纤维

干物质不是营养成分的概念，但日粮干物质中含有各种养分。不同类型的饲料所含干物质差异很大，由于牛是反刍动物，须保持日粮中合理的精粗料比例，特别是对高产牛往往因干物质采食量不够而导致未能满足能量的需要，因此对常规日粮须保持适宜的干物质量。

干物质采食量（kg）$= 0.062\ W^{0.75} + 0.40\ y$（适于偏精料型日粮，即精粗料比约60：40）。

或干物质采食量（kg）$= 0.062\ W^{0.75} + 0.45y$（适于偏粗料型日粮，即精粗料比约45：55）。

y代表标准乳产量，W为牛的体重，单位均为kg。

干物质采食量受体重、产奶量、泌乳阶段、饲料能量浓度、日粮类型、饲料类型、饲料加工、饲养方法、气候等影响，因此干物质采食量的变化较大。但为了发挥奶牛的产奶潜力，则须保持一定的干物质采食量，以满足能量的需要。

牛是反刍动物，为了保持正常的消化机能。配合日粮时应考虑粗纤维供给量，粗纤维含量过低，往往会影响瘤胃的消化机能，含量过高则达不到所需的能量浓度。可考虑有效纤维大于15%。当有条件测定或计算日粮中的NDF时，奶牛日粮干物

质中 NDF 含量应大于 25%，其中必须有 19%以上来自粗饲料（即有效中性洗涤纤维）。

2. 泌乳牛妊娠的干物质采食量

妊娠第 6 个月（妊娠第 169~196d）、第 7 个月（妊娠第 197~224d）、第 8 个月（妊娠第 225~252d）、第 9 个月（妊娠第 253~280d）时，每天应在维持基础上增加 0.75kg、1.26kg、2.21kg 和 3.67kg 的干物质采食量。

二、成年母牛的能量需要

1. 维持的能量需要

在中立温度、逍遥运动饲养条件下，成年母牛维持的能量需要 356 $W^{0.75}$（kJ）。由于第一和第二泌乳期奶牛的生长发育尚未停止，故第一泌乳期的能量需要须在维持基础上增加 20%，第二泌乳期增加 10%。

牛在低温条件下，体热损失明显增加。据国内外试验结果表明，在 18℃基础上平均下降 1℃则牛体产热增加 2.5kJ/（kg·$W^{0.75}$·24h）。因此，在低温条件下应提高维持的能量需要量，例如，维持需要在 5℃时为 389 $W^{0.75}$。放牧运动时，能量消耗明显增加。

2. 泌乳的能量需要

泌乳的能量需要与牛乳的成分相关，生产每千克牛奶的能量（kJ）回归式如下：

（1）y=1433.65+415.3×乳脂率

（2）y=750.02+387.98×乳脂率+163.97×乳蛋白率+55.02×乳糖率

（3）y=-166.19+249.58×乳总干物质率

y 为每千克不同成分（乳脂率、乳蛋白率、乳糖率、乳干物质率）奶的能量（kJ）。上述 3 个回归式以“（2）”相对准确，以“（3）”相对误差较大。

3. 泌乳牛的体重变化与能量需要

当产奶母牛日粮的能量不足时，母牛往往动用体内贮存的能量去满足产奶的需要，结果体重下降。反之，当日粮能量过多，多余能量在体内沉积，体重增加。

成年母牛每千克增重或减重，根据对比屠宰试验，平均为25. 104MJ。泌乳期间增重的能量利用效率与产奶相似，因此每增重1kg约相当8kg标准奶（25. 104÷3. 138＝8）。减重的产奶利用率为0. 82，故每减重1kg能产生20. 58MJ产奶净能，即6. 56kg标准奶。

4. 泌乳牛妊娠的能量需要

在胎儿生长发育的实际情况下，从妊娠第六个月开始，胎儿能量沉积已明显增加，妊娠第6个月（妊娠第169～196d）、第7个月（妊娠第197～224d）、第8个月（妊娠第225～252d）、第9个月（妊娠第253～280d）时，每天应在维持基础上增加4. 18MJ、7. 12MJ、12. 55MJ和20. 92MJ的产奶净能。

三、成年母牛蛋白质的需要量

1. 维持的蛋白质需要量

维持的可消化粗蛋白的需要量为3. 0g×$W^{0.75}$，小肠可消化粗蛋白的需要为2. 5g×$W^{0.75}$。

2. 泌乳的蛋白质需要量

根据乳中蛋白质的量确定泌乳的蛋白质需要量，可消化粗蛋白用于奶蛋白的平均效率为0. 60，小肠可消化粗蛋白的效率为0. 70，所以，产奶的可消化粗蛋白需要量＝牛奶的蛋白质量÷0. 60；产奶的小肠可消化粗蛋白需要量＝牛奶的蛋白质量÷0. 70。在乳蛋白质没有测定的情况下，根据乳脂率确定乳蛋白率，回归式为：乳蛋白率（%）＝2. 36+0. 24×乳脂率。

3. 妊娠的蛋白质需要量

妊娠的蛋白质需要按牛妊娠各阶段子宫和胎儿所沉积的蛋

白质量进行计算。可消化粗蛋白用于妊娠的效率按65%计算，小肠可消化粗蛋白的效率按75%计算，则在维持的基础上，妊娠第6个月（妊娠第169~196d）、第7个月（妊娠第197~224d）、第8个月（妊娠第225~252d）、第9个月（妊娠第253~280d）时，可消化粗蛋白的给量分别为50g、84g、132g和194g；小肠可消化粗蛋白的给量分别为43g、73g、115g和169g。

四、钙、磷和食盐的需要量

即维持需要按每100kg体重给6.0g钙、4.5g磷和3.0g食盐；每千克标准乳给4.5g钙、3.0g磷和1.2g食盐。

妊娠第6个月（妊娠第169~196d）、第7个月（妊娠第197~224d）、第8个月（妊娠第225~252d）、第9个月（妊娠第253~280d）时，每天应在维持基础上增加钙的克数为6.00g、10.00g、16.00g和24.00g；每天应在维持基础上增加磷的量为2.00g、4.00g、6.00g和9.00g；食盐按照精补料干物质的1.5%~2.0%给予。

五、成年奶牛微量元素的需要量

奶牛微量元素的需要量见表4-1。

表4-1　奶牛微量元素的需要量及中毒极限量的参考值

（mg/kg）

微量元素	缺乏极限量	需要量	中毒极限量
铁	—	50.00	—
铜	7.00	10.00	30.00
锌	45.00	50.00	250.00
锰	45.00	50.00	1 000.00
钴	0.07	0.10	10.00

（续表）

微量元素	缺乏极限量	需要量	中毒极限量
碘	0.15	0.60	8.00
硒	0.10	0.30	0.50

根据（《奶牛营养需要与饲养标准》，2000年，中国农业大学出版社）和（《牛生产学》，2010年，中国农业大学出版社）合编。

六、成年母牛维生素的需要量

奶牛需要的维生素包括维生素A、维生素D、维生素E，有时候还需要维生素B_5等。以IU/kg饲料干物质计，维生素A的需要量，泌乳母牛为3 800（或9.75mg胡萝卜素），妊娠母牛为2 800（或7.0mg胡萝卜素），生长肥育牛2 200（或5.5mg胡萝卜素）；维生素D需要量为1 000~1 200；维生素E需要量为15~16。

第二节　生长母牛的营养需要

一、生长母牛的干物质采食量

生长母牛干物质采食量（kg）= $0.062W^{0.75}$ +（1.529 6+0.003 71×W）×ΔW

式中：W为体重，ΔW为日增重，单位均为kg。

二、生长牛的维持能量需要

（1）维持需要量$584.6W^{0.67}$（kJ）。

（2）生长牛增重净能的需要。

增重的能量沉积（MJ）= 增重（kg）×（6.276+0.018 8×体重，kg）/1−0.30×增重（kg）

国内外的试验结果表明，生长牛维持以上的代谢能用于增重的利用效率，随年龄的增长而下降。增重的能量沉积换算成产奶净能的参数为：

增重的能量沉积换算成产奶净能的系数 = −0.532 2 + 0.325 4 ln（体重，kg）

三、生长牛的蛋白质需要

（1）维持的可消化粗蛋白的需要量为 $3.0g \times W^{0.75}$，200kg 体重以下用 $2.3g \times W^{0.75}$；小肠可消化粗蛋白的需要为 $2.5g \times W^{0.75}$，200kg 体重以下用 $2.2g \times W^{0.75}$。

（2）增重的蛋白质沉积（g/日）= ΔW（$170.22 - 0.1731W + 0.000178W^2$）×（$1.12 - 0.1258\Delta W$）

其中，ΔW 为日增重（kg），W 为体重（kg）。

生长牛日粮可消化粗蛋白用于体蛋白质沉积的利用效率，据国内所做生长牛的氮平衡试验结果可采用 55%，但幼龄时效率较高，体重 40～60kg 可用 70%，70～90kg 可用 65%；生长牛日粮小肠可消化粗蛋白的利用效率为 60%。

例如：体重 200kg，日增重 1kg 的生长母牛，其粗蛋白的需要量为：

维持的可消化粗蛋白的需要 = $3 \times 200^{0.75}$ = 160g

维持的小肠可消化蛋白质需要 = $2.5 \times 200\ W^{0.75}$ = 133g

增重的蛋白质沉积 = 1（$170.22 - 0.1731 \times 200 + 0.000178 \times 200^2$）×（$1.12 - 0.1258 \times 1$）= 129g/日

增重的可消化粗蛋白需要量 = 129 ÷ 0.55 = 235g/日

增重的小肠可消化粗蛋白需要量 = 129 ÷ 0.60 = 215g/日

四、生长牛的钙、磷需要

维持需要按每 100kg 体重给 6g 钙和 4.5g 磷；每千克增重给 20g 钙和 13g 磷。食盐给量应占日粮干物质的 0.5%左右。

第五章　奶牛饲养管理

第一节　后备母牛的饲养管理

在养牛生产实践中，将0~6月龄的牛叫犊牛，可分为哺乳犊牛和断奶犊牛，其中将0~5日龄的牛叫初生犊，将7月龄至初配前的牛叫育成母牛，将初配至第一胎产犊前的牛叫青年母牛，将产第一胎以后的牛叫成年母牛，分为初产母牛和经产母牛。后备母牛包括犊牛、育成牛和青年牛。对后备母牛的培育，要通过减少消化和呼吸系统疾病发病率基础上，提高成活率；要获得健康的后备母牛群；更重要的是促进瘤胃发育和培育出理想的体型，培育具有高产潜力、利用年限长、终生产奶量高的牛群。

一、哺乳犊牛的饲养管理

（一）初生犊牛的饲养

1. 初生犊牛的护理

（1）清除口腔和鼻孔内的黏液。犊牛自母体产出后应立即清除其口腔及鼻孔内的黏液，以免妨碍犊牛的正常呼吸和将黏液吸入气管及肺内。如犊牛产出时已将黏液吸入而造成呼吸困难时，可两人合作，握住两后肢，倒提犊牛，拍打其背部，使黏液排出。如犊牛产出时已无呼吸，但尚有心跳，可在清除其口腔及鼻孔黏液后将犊牛在地面摆成仰卧姿势，头侧转，按每6~8秒一次按压与放松犊牛胸部进行人工呼吸，直至犊牛能自

主呼吸为主。

（2）断脐。在清除口腔及鼻孔黏液以后，应积极主动进行人工断脐。方法是在初生犊牛站立之前，距离犊牛腹部8~10cm处，两手卡紧脐带，往复揉搓2~3min，最好拉断，如果拉断有困难时，在揉搓处的远端用消毒过的剪刀将脐带剪断，挤出脐带中黏液，并将脐带的残部放入5%的碘酊中浸泡1~2min，以避免脐带炎或通过脐带感染犊牛。

（3）擦干被毛。断脐后，应尽快擦干犊牛身上的被毛，以免犊牛受凉，尤其是在环境温度较低时，更应如此。也可让母牛舔干犊牛身上的被毛，其优点是刺激犊牛呼吸，加强血液循环，促进母牛子宫收缩，及早排出胎衣，缺点是会造成母牛恋仔，导致挤奶困难。

（4）喂初乳。初乳是母牛产犊后5d内所分泌的乳，最近有资料认为初乳就是母牛分娩后6h内第一次挤出的乳是初乳，至第6d内的剩余的乳是过渡乳，与常奶相比，初乳中有高浓度免疫球蛋白、镁盐和维生素等，因此对新生犊牛具有特殊意义，根据规定的时间和喂量正确饲喂初乳，对保证新生犊牛的健康是非常重要的（表5-1）。

表5-1　初乳与常乳营养含量的比较

项目	初乳	常乳	初乳/常乳
干物质（%）	22.6	12.4	182
脂　肪（%）	3.6	3.6	100
蛋白质（%）	14.0	3.5	400
球蛋白（%）	6.8	0.5	1 360
乳　糖（%）	3.0	4.5	66.7
胡萝卜素（mg/kg）	900~1 620	72~144	1 200
维生素A（IU/kg）	5 040~5 760	648~720	800
维生素D（IU/kg）	32.4~64.8	10.8~21.6	300

（续表）

项目	初乳	常乳	初乳/常乳
维生素 E（μg/kg）	3 600~5 400	504~756	700
钙（g/kg）	2~8	1~8	156
磷（g/kg）	4.0	2.0	200
镁（g/kg）	40.0	10.0	400
酸度（^{0}T）	48.4	20.0	242

初乳中含有大量的免疫球蛋白，是常乳的十几倍，免疫球蛋白是母牛体内的 B 淋巴细胞受到周围环境中的抗原刺激后，增殖为浆细胞，浆细胞产生特定的免疫球蛋白（抗体），免疫球蛋白不能通过胎盘传给犊牛，只有通过血液进入初乳中，因此，吃初乳是获得免疫球蛋白的唯一途径。免疫球蛋白被犊牛吸收后分布于体液内，当犊牛受到和原来一样的特异抗原入侵时，便发生抗原抗体反应，消灭进入体内的异己抗原物质，直到犊牛自己产生自己的抗体为止。因为母牛和犊牛所处的环境（同一牛场）十分相似，所以这种免疫球蛋白具有针对性，这是吃母亲初乳的原因（表 5-2）。

表 5-2　母牛分娩后不同挤奶次数初乳中各养分比较

项目	第 1 次	第 2 次	第 3 次	常乳
干物质（%）	23.9	17.9	14.1	12.9
脂　肪（%）	6.7	5.4	3.9	3.7
蛋白质（%）	14.0	8.4	5.1	3.1
免疫球蛋白（mg/ml）	48.0	25.0	15.0	0.6
乳　糖（%）	2.7	3.9	4.4	5.0
维生素 A（μg/L）	2 950	1 900	1 130	340
维生素 D（IU/g 脂肪）	0.9~1.8	0.9~1.8	0.9~1.8	0.4
生物素（μg/ml）	4.8	2.7	1.9	1.5
胆碱（mg/ml）	0.70	0.34	0.23	0.13

2. 初乳的饲喂时间、喂量与方法

犊牛只有获得免疫球蛋白，才有免疫力。犊牛在出生时肠壁的通透性强，初乳中的抗体（一种大分子蛋白质叫免疫球蛋白）可经过消化道的小肠壁进入血液，犊牛对抗体的平均吸收率为20%（6%~45%），但随着时间的推移，犊牛肠壁的通透性下降，导致以未被消化状态吸收免疫球蛋白的能力减小，在出生后大约以每小时5%的速度下降，比如在出生后2~3h对抗体的吸收率急剧下降，出生24h后就无法吸收完整的抗体。且初乳中免疫球蛋白浓度也会随时间的推移而降低，初乳的成分会发生向常乳较快的转变过程，即乳中的免疫球蛋白的含量较快的下降。犊牛应在出生后1h内吃到初乳，而且越早越好。

免疫球蛋白可分为免疫球蛋白G（IgG）、免疫球蛋白A（IgA）和免疫球蛋白M（IgM），其大致比例分别为85%、10%和5%，免疫球蛋白G是免疫球蛋白的代表。犊牛只有获得免疫球蛋白，才能被动获得免疫力，这些免疫球蛋白将一直持续存在8周左右时间，直至犊牛自身免疫功能的建立，所以，对于提高犊牛成活率意义非常重大。

第一次初乳的喂量根据初乳质量、皱胃体积确定，一般建议为2.0~4.0kg，出生的当天（生后24h内）饲喂三四次初乳，而后每天饲喂3次，连续饲喂4d、5d以后，犊牛可以逐渐转喂正常牛奶。

初乳可采用装有橡胶奶嘴的奶壶或奶桶饲喂。犊牛惯于抬头伸颈吮吸母牛的乳头，是其生物本能的反应，因此以奶壶哺喂初生犊牛较为适宜。目前，奶牛场多用奶桶喂给初乳。欲使犊牛生后习惯从桶里吮奶，常需进行调教。

最简单的调教方法是将洗净的中、食指蘸些奶，让犊牛吮吸，然后逐渐将手指放入装有牛奶的桶内，使犊牛在吮吸手指的同时吮取桶内的初乳，经三四次训练以后，犊牛即可以习惯桶饮，但瘦弱的犊牛需要较长的时间和耐心的调教。喂奶设备每次使用后应清洗干净，以最大限度地降低细菌的生长以及疾病传播的危险。

挤出的初乳应立即哺喂犊牛，以避免被污染和奶温下降。一般认为，初乳中细菌数（10 000/ml）在母牛乳腺内为 0.04，在到达挤奶机后则增加到4.9，然后到达大奶桶和奶壶分别达到10.83 和 38.79。有时放置时间过长需经水浴加温至 38～39℃再喂，饲喂过凉的初乳是造成犊牛下痢的重要原因。相反，如奶温过高，则易因过度刺激而发生口炎、胃肠炎等或犊牛拒食。初乳切勿明火直接加热，以免温度过高发生凝固。同时，多余的初乳可放入干净的带盖容器内，并保存在低温环境中。在每次哺喂初乳之后 1～2h，应给犊牛饮温开水（35～38℃）一次。

3. 特殊情况的处理

（1）犊牛出生后如其母亲死亡或母牛患乳房炎，使犊牛无法吃到其母亲的初乳，可用其他产犊时间基本相同健康母牛的初乳，但效果不如母乳。

（2）不同胎次母牛初乳中的抗体浓度是不同的，一般认为第 1、第 2、第 3 和第 4 胎次以后母牛初乳浓度分别为 5.9%、6.3%、8.2%和 7.5%，所以，许多奶牛场常用第 3 胎之后的母牛初乳采用快速冷冻的方法贮存初乳以备急用，每袋规格为 2kg。

（3）如果没有产犊时间基本相同的母牛，也可用常奶代替，但必须在每千克常奶中加入维生素 A 2 000IU，60mg 土霉素或金霉素，并在第一次喂奶后灌服 50ml 液体石蜡或蓖麻油，也可混于奶中饲喂，以促使胎便排出。5～7d 后停喂维生素 A，抗生素减半直到 20 日龄左右。

4. 初乳质量检测、分析及效果评估

初乳中的抗体是母牛在妊娠期间受到外界抗原刺激后而产生的，即母牛体内的 B 淋巴细胞（免疫球蛋白）被抗原刺激而增殖变成浆细胞，浆细胞产生抗体，随血液进入所有体液中，和再次入侵的特异抗原发生抗原抗体反应，消灭进入体内的异己抗原物质，并进入初乳中，使初生犊获得被动免疫。血清球蛋白就是主要由浆细胞分泌产生的抗体物质，主要包括α-球蛋白、β-球蛋白和γ-球蛋白，其中与免疫有关的主要是免疫球蛋白G（IgG）、免疫球蛋白M（IgM）和免疫球蛋白A（IgA），大约各占比例分别是85%、10%和5%，因此，初乳中IgG是抗体含量的代表，直接反映了初乳质量的高低。一般认为初乳中IgG含量≥50mg/ml是优质初乳，含量为25.0~49.9mg/ml为中等质量，含量<25mg/ml为不合格；用初乳折光仪检测时，其读数分别为：≥22%、20%~21.9%和≤19.9%。

一般认为，初生犊被动免疫成功后血清中IgG的含量应达到10mg/ml，如果犊牛初生重为42kg（该品种母牛体重的7%），初生犊血量为体重的8%，则需获得33.6mg；而初乳中免疫球蛋白的平均吸收率为20%（6%~45%），如果平均吸收率以35%计算，现假定以第一次初乳的喂量为2kg，且初乳中免疫球蛋白G为50mg/ml，则可以提供35mg的IgG，但如果初乳中免疫球蛋白G为25mg/ml，则需要4kg。

初乳中的IgG是否被犊牛吸收、吸收了多少是被动吸收成功的评估指标，如果是用PAL-1型数字糖度仪检测时，采集2~7日龄犊牛血液检测，当读数在6.8%~9.6%，被动转运成功，小于6.8%为不合格，大于9.6%为脱水。

（二）犊牛的饲养管理

1. 哺乳期犊牛的饲养

（1）犊牛的哺乳期和哺乳量。由于哺乳期的长短和喂奶量的多少与养牛者培育犊牛的技术水平、犊牛的培育条件及饲料条件密切相关，因而目前犊牛培育的哺乳期和喂奶量差别很大，短者2~4周，长者20周以上；喂量少者10kg，多者几百kg到1 000kg，很难定出统一的标准。我国一般哺乳期为42~90d，哺乳量从 200～400kg 不等，在保证成活率和经济效益的前提下，以缩短哺乳期有利于培育高产后备牛，如表 5-3 所示。

表 5-3　犊牛饲喂参考方案

犊牛日龄	喂奶量（kg）	日喂奶次数	犊牛料量（kg）	干草等（kg）
1	不限	3～4	—	—
2～7	5.0～6.0	3～4	—	—
8～25	6.0	3	不限	
26～30	5.0	2	不限	适量
31～60	4.0	2	0.5	
61～90	2.5	2	1.0～1.4	
全期合计	347		176	

（2）喂乳技术和注意事项。

①哺乳量的调整。犊牛在哺乳期，特别是在生后一个月内，由于饲养管理不当，很容易发生消化器官疾病，所以犊牛应根据体重、健康、食欲和粪便状态来调整乳量，调整犊牛的消化状况。

②奶的卫生。喂犊牛的乳应清洁而新鲜，喂混合乳应消毒，坏奶一般不宜喂犊牛。若外伤和隐性乳房炎的乳，应加温至 90℃或加抗菌素后再喂。

③乳温。乳温应控制在 35～38℃，初乳直接加热或水浴到该温度，混合乳或隐性乳房炎乳等则须蒸煮消毒后，冷却至该温度。犊牛对乳温敏感，特别是在生后 3～4 周内，乳温过低会抑制消化液的分泌和肠胃的正常蠕动，甚至会造成胃痉挛，引起消化障碍。

④喂乳速度。喂乳要慢，最好用奶壶喂。由于吮吸速度较慢，乳汁在口腔中能充分与唾液混合，不致于由于饮奶过急，食管沟闭合不全而落入瘤胃，奶在其中酸败而引起下痢，此外，

用奶壶喂奶还可控制喂乳姿势。

⑤日喂次数。最初1~2周可喂3~4次，从第3周以后可喂1~3次。

⑥每次喂乳之后，要将犊牛口、鼻周围的残乳擦干净。

（3）植物性饲料的饲喂与接种瘤胃微生物。奶牛是反刍动物，日粮须全部为植物性（哺乳阶段可以为乳及乳制品）、固体饲料，而初生犊全部是动物性、液体饲料，所以，哺乳阶段是奶牛由反刍前向反刍动物过渡的最重要阶段。由动物性、液体饲料向植物性、固体饲料转换，不仅表现在外在形式，更重要的是消化生理的转换，即由单独的牛奶，经过牛奶与草料共存，最后到单独的草料，在消化道结构和生理方面，有食管沟的彻底退化、消化道内乳糖酶与淀粉酶等的彼此消长、瘤胃体积和功能不断完善等过程。犊牛生后10d左右训练采食开食料。训练犊牛采食时，可用开食料、豆粕、玉米等精料磨成细粉，并加入少量食盐拌匀，每天15~25g，用开水冲成糊粥，混入牛奶中饮喂或抹在犊牛口腔处，教其采食，几天后即可将开食料拌成湿拌料放在奶桶内或饲槽里让犊牛自由舔食，开食料最好是颗粒状而不是粉状。少喂多餐，做到卫生、新鲜，喂量逐渐增加，至一月龄时每天可采食0.5~1.0kg甚至更多。

刚开始训练犊牛吃干草时，可在犊牛栏的草架上添加一些柔软、优质、叶片含量高的干草让犊牛自由舔食，为了让犊牛尽快习惯采食干草，也可在干草上洒些食盐水。喂量逐渐增加，但在犊牛没能采食1kg混合精料以前，干草喂量应适当控制，以免影响混合精料的采食。

青贮饲料由于酸度大，过早饲喂青贮饲料将影响瘤胃微生物区系的正常建立。同时，青贮饲料蛋白含量低，水分含量较高，过早饲喂也会影响犊牛营养的摄入。所以，犊牛一般从4月龄开始训练采食青贮，但在一岁以内青贮料的喂量不能超过日粮干物质的1/3。

犊牛刚出生瘤胃内并没有微生物，在出生后靠采食饲草料或接触成年牛，才在瘤胃中逐渐形成微生物区系，这个过程较为缓慢，因此为了使犊牛瘤胃尽快建立微生物区系，可在犊牛出生后接种微生物，一般犊牛出生后7d就可接种，方法为待母牛反刍时，从母牛口中掏出一小把反刍物，快速塞到犊牛的口中即可，也可以采用胃管采集瘤胃液，拌入奶中饲喂。接种瘤胃微生物，可促进犊牛瘤胃发育，提高其对精粗饲料的消化能力，减少拉稀现象的发生。

（4）犊牛开食料的饲喂与断奶。犊牛开食料是根据犊牛消化道及其酶类的发育规律所配制的，能够满足犊牛营养需要，适用于犊牛早期断奶所使用的一种特殊饲料。其特点是营养全价，易消化，适口性好。专用于犊牛断奶前后使用的混合精料。它的作用是促使犊牛由以吃奶或代乳品为主向完全采食植物性饲料过渡。

在具有良好的饲料条件和精细规范的饲养管理下，一般犊牛在6~8周龄，每天采食相当于其体重1%的犊牛生长料（1 000~1 500g）时即可进行断奶，但对于体格较小或体弱的犊牛应适当延期断奶。犊牛断奶后继续饲喂断奶前的开食料（生长料），质量保持不变，数量为1.5~2.0kg，以减少断奶应激。当犊牛到4月龄时，可改为育成牛料。

2. 哺乳期犊牛的管理

（1）建立档案。犊牛出生后应称出生重，对犊牛进行编号，对其毛色花片、外貌特征（有条件时可对犊牛进行拍照）、出生日期、谱系等情况做详细记录，并用塑料耳标打号，以便于管理和以后在育种工作中使用。

（2）犊牛卫生。对犊牛的环境、牛舍、牛体以及用具卫生等要严格控制以确保犊牛的健康成长。

喂奶用具（如奶壶和奶桶）每次用后都要严格进行清洗消毒，程序为冷水冲洗→碱性洗涤剂擦洗→温水漂洗干净→晾

干→使用前用85℃以上热水或蒸气消毒。

饲料要少喂勤添，保证饲料新鲜、卫生。犊牛舍应保持清洁干燥、空气流通。舍内二氧化碳、氨气聚积过多，会使犊牛肺小叶黏膜受刺激，引发呼吸道疾病。同时湿冷、冬季贼风、淋雨、营养不良亦是诱发呼吸道疾病的重要因素。

（3）健康观察。观察每头犊牛的被毛、眼神、食欲以及粪便情况，留意犊牛体温变化，注意是否有咳嗽或气喘，检查饲料是否清洁卫生，干草、水、盐以及添加剂的供应情况，发现病犊应及时进行隔离。

（4）刷拭。犊牛皮肤易被粪及尘土黏附而形成皮垢，这样不仅降低了皮毛的保温与散热能力，使皮肤血液循环恶化，而且易患病。为此，每天应给犊牛刷拭一两次。

（5）单栏培育。在气候温和的地区或季节，犊牛生后3d即可饲养在室外犊牛栏内，进行单栏露天培育，北方可以使用室内单栏。犊牛栏应保持干燥、卫生，勤换垫草。犊牛断奶后即可转入群饲。

（6）饮水。哺乳犊牛从奶中获得的水分不能满足正常代谢的需要。从一周龄开始，可用加有适量牛奶的35~37℃温开水诱其饮水，10~15日龄后可直接喂饮常温开水。一个月后可在运动场内设置饮水池，任其自由饮用，但水温不宜低于15℃。

（7）运动。生后8~10日龄的犊牛即可在运动场作短时间运动（0.5~1h），以后逐渐延长运动时间，至一月龄后可增至2~3h。如果犊牛出生在温暖的季节，开始运动的日龄还可再提前，但需根据气温的变化，酌情掌握每日运动时间。

（8）去角。为了便于成年后的管理，减少牛体相互受到伤害，犊牛在4~10日龄应去角，这时去角犊牛不易发生休克，食欲和生长也很少受到影响。

二、断奶至6月龄犊牛的饲养

断奶至6月龄犊牛是消化器官发育速度最快的阶段。据研究，奶牛瘤胃、网胃、瓣胃和皱胃各胃室体积的比例主要在4~6月龄发育完成，以后主要是随着体重增加而带来各胃室体积的变化。犊牛刚断奶时，瘤胃体积很小，尚未达到完全发育，尚不能够容纳足够的粗饲料来满足生长发育的需要，此时应注意补饲饲料的质量以不断满足对蛋白质和维生素的需要（表5-4、表5-5）。

表5-4　瘤胃和皱胃生长发育比较　　（%）

	项目	初生	三周龄	三月龄	六月龄	成年
瘤胃	与初生时比较	100	257	1 060	3 168	10 628
	占两胃总容积	25	42.9	66.9	78.7	88
皱胃	与初生时比较	100	114	175	286	4 830
	占两胃总容积	75	57.1	33.1	21.3	12

表5-5　成年奶牛四个胃容积的比较

项目	瘤胃	网胃	瓣胃	皱胃
容积（L）	156	9.1	15.9	19
占总容积的比例（%）	78.0	4.5	8.0	9.5

研究表明，犊牛采食草、料会刺激反刍和唾液的分泌，刺激瘤胃胃壁中肌肉层的发育，而挥发性脂肪酸则主要刺激瘤胃黏膜层（瘤胃乳头）的发育，特别是挥发性脂肪酸中的丁酸比乙酸和丙酸作用更大。精料比粗饲料能提供更多的挥发性脂肪酸，对瘤胃黏膜层的刺激作用更强，但同时还会使瘤胃黏膜层角质化，瘤胃黏膜层的角质化会减少胃壁对挥发性脂肪酸的吸

收，所以，犊牛断奶后饲粮结构中既要有开食料，也要配合一定比例的粗饲料，一般建议精粗比为 50∶50，饲粮中中性洗涤纤维达到 20%～30%，干物质采食量为 4.0～4.5kg/日。因此，断奶后要维持断奶前的饲粮结构和喂量，为避免断奶应激，建议继续饲喂开食料 30d 左右，喂量为 1.50～2.25kg/日。

犊牛断奶后进行小群饲养，将年龄和体重相近的牛分为一群，每群 10～15 头。

欧洲后备牛培育关键指标为：犊牛死亡率 <5%，犊牛腹泻率 <10%，犊牛肺炎发病率 <10%，8 周断奶时体重为初生重的 2 倍，9～10 周龄断奶为 90kg，6 月龄体重达到 180kg，体高和体长分别达到 95～100cm 和 100～115cm。

三、育成牛的饲养

育成牛的特点是瘤胃发育非常迅速，体长增长最快，生殖机能急剧变化。此阶段的主要目标是通过合理的饲养使其按时达到理想的体型、体重标准和性成熟，按时配种受胎，并为其一生的高产打下良好基础。具体来说，就是体重与体尺相协调，瘤胃（体积和功能）与乳腺发育相协调，初配月龄和易产性相协调，这种协调性对母牛健康、使用年限、泌乳性能、繁殖性能、牛群饲养成本和效益都具有重要意义。

此期育成牛的瘤胃机能已相当完善，可让育成牛自由采食优质粗饲料如干草、青贮等。精料一般根据粗饲料的质量进行酌情补充，若为优质粗饲料，精料的喂量仅需 0.5～1.5kg 即可，如果粗饲料质量一般，精料的喂量则需 1.5～2.5kg，并根据粗饲料质量确定精料的蛋白质和能量含量，使育成牛的平均日增重达 700～800g，16～18 月龄体重达 380～420kg，及时进行配种。

由于此阶段育成牛生长迅速，抵抗力强，发病率低，容易管理，在生产实践中往往疏忽这个时期育成牛的饲养，导致育成牛生长发育受阻，体躯狭浅，四肢细高，延迟发情和配种，导致成年时泌乳遗传潜力得不到充分发挥，给生产造成巨大的经济损失。

四、配种至产犊青年母牛的饲养

育成牛配种后一般仍可按配种前日粮进行饲养。当育成牛怀孕至分娩前 3 个月，由于胚胎的迅速发育以及育成牛自身的生长，需要额外增加 1.0~2.0kg 的精料。如果在这一阶段营养不足，将影响育成牛的体格以及胚胎的发育。但营养过于丰富，将导致过肥，引起难产、产后综合征等。

妊娠后期（6 个月以后）移至一个清洁、干燥的环境饲养，或建立重胎牛群，以防疾病和乳腺炎；在产前 3 周，将妊娠青年牛转群到产房，以适应产房环境和观摩分娩；产前 2 周，逐渐增加精料喂量，提高日粮中精补料比例，日粮精粗比基本达到 50∶50，以适应产后高精料的日粮；注意调整日粮含钙量，以低钙和阴离子盐日粮饲喂，以防产后瘫痪；食盐、小苏打和其他矿物质的喂量应进行控制，以防乳房水肿；禁止饲喂苜蓿或限量饲喂。

五、断奶至产犊阶段的管理

1. 称重

育成母牛的性成熟与体重关系极大，一般育成牛体重达到成年母牛体重的 40%~50%时进入性成熟期，体重达成年母牛体重的 60%~70%时可进行配种。当育成牛生长缓慢时（日增重不足 350g），性成熟会延迟至 18~20 月龄，影响投产时间，造成不必要的经济损失。后备母牛各阶段较理想的体重如表5-6所示。

2. 测量体高和体况评分

在某一年龄段体重指标是用于评价后备母牛生长的最常见

方法。然而，这一指标不应作为唯一的标准，因为体重侧重于反映后备牛器官、肌肉和脂肪组织的生长，而体高却反映了后备牛骨架的生长，因此只有当体重测量和体高、体长相配合时，才能较好地评价后备母牛的生长发育。目前，国外研究认为，后备母牛的体高对初次产奶量的影响大于体重。

表 5-6　后备母牛不同月龄体重和胸围

月龄	体重（kg）	胸围（cm）	月龄	体重（kg）	胸围（cm）
初生	41	79	14	347	163
2	72	94	16	392	168
4	122	107	18	419	175
6	173	125	20	446	180
8	221	140	22	495	185
10	270	150	24	540	191
12	315	158	60	600	200

注：根据梁学武改编，2002

3. 育成母牛的管理

母牛达 16~18 月龄，体重达 380~ 420kg 时进行配种。此期育成牛采食大量粗饲料，必须供应充足的饮水，同时此期育成牛生长较快，应注意牛体的刷拭，及时去除皮垢，促进生长，经调教可使牛性情温驯，易于管理。育成母牛蹄质软，生长快，不易磨损，应从 10 月龄开始于春、秋两季各修蹄一次。

保证每天有一定时间的户外运动，促进牛的发育和保持健康的体型，为提高其利用年限打下良好的基础。对于舍饲培育的育成牛，除暴雨、烈日、狂风、严寒外，可将育成牛终日散放在运动场。场内设有饲槽和饮水池，供牛自由采食青粗饲料和饮水。

4. 青年母牛的管理

加大运动量，以防止难产，防止驱赶运动，防止牛跑、跳、相互顶撞和在湿滑的路面行走，以免造成机械性流产。防止母牛采食发霉变质饲料及饮冰冻的水，避免长时间雨淋，加强对母牛的刷拭，培养其温驯的习性。

从妊娠第五至第六个月开始到分娩前 15d 为止，每日用温水清洗并按摩乳房一次，每次 3～5min，以促进乳腺发育，并为以后挤奶打下良好基础。计算好预产期，产前两周转入产房。

第二节　成年母牛的饲养管理

成年母牛是指初次产犊后的母牛，从第一次产犊开始，成年母牛周而复始地重复着产奶、干奶、配种、妊娠、产犊的生产周期。成年母牛的饲养管理直接关系到母牛产奶性能的高低和繁殖性能的好坏，进而影响奶牛生产的经济效益。母牛从第一次产犊后便进入正常的周而复始的生产周期，因为是围绕着泌乳、妊娠进行的，所以称为奶牛的生产周期或泌乳周期。从泌乳的角度看，一个完整的泌乳周期包括泌乳期和干乳期。干奶期一般为 60d，而泌乳期一般为 305d。母牛一般在产犊后60～90d 配种受胎，妊娠期 280d，从这次产犊到下次产犊大约相隔一年。

一、干奶牛的饲养管理

乳牛在下一次产犊前有一段停止挤乳的时间，称为干乳期。妊娠最后两个月停止泌乳的母牛为干奶母牛，干奶就是人为地使泌乳母牛停止泌乳的过程，为了保证母牛在妊娠后期体内胎儿的正常发育，使母牛在紧张的泌乳期后能有充分的休息时间，使体况得到恢复，乳腺得以修补与更新，是提高母牛生产性能的重要措施。

（一）干奶的意义

母牛妊娠后期，胎儿生长速度加快，胎儿大于一半的体重是在妊娠最后两个月增长的，需要大量营养，通过干乳期，所有养分都流向子宫而不再向乳腺流动，同时，母牛也可分解其体组织供给胎犊而获得较大初生重和较健壮的犊牛；随着妊娠后期胎儿的迅速增长，体积增大，占据腹腔，消化系统受压，消化能力降低；母牛经过10个月的泌乳期，各器官系统一直处于代谢的紧张状态，需要休息；母牛在泌乳早期会发生代谢负平衡，体重和膘情都下降，需要恢复，并为下一泌乳期进行一定的贮备；乳牛的乳房在经过10个月的泌乳期后，部分乳腺由于形成“乳石”而失效，或者由于格斗而致乳房受损，母牛的乳腺细胞需要一定时间进行修补与更新，对于第一和第二泌乳期的成年母牛，尚未发育的腺泡或分泌上皮细胞进一步的发育也需要干乳期；通过干乳期，犊牛能获得高质量的初乳并进而获得被动免疫。因此，母牛在紧张的泌乳期后，有一定的干奶时间，对胎儿的正常发育及对母牛自身的身体健康和下一泌乳期的稳定高产都是非常必要的。

（二）干奶期的天数

干奶期以50~70d为宜，平均为60d，以得到上述6大目标为原则。干奶期过短达不到干奶的预期效果（体重和膘情得不到完全恢复等），会使犊牛初生重降低和发病率提高；干奶期过长，会造成母牛乳腺萎缩，降低下一泌乳期的产奶量，同时由于绝对泌乳日减少，使终生泌乳量降低。干奶期的天数应视母牛的具体情况而定，对于初产牛、年老牛、高产牛及体况较差的牛，干奶期可适当延长一些（60~75d），对于经产牛、产奶量较低的牛、体况较好的牛，干奶期可适当缩短（45~60d）。

（三）干奶方法

所有的干奶方法都是通过调整日粮养分供给、短暂应激和结合调整乳腺渗透压方法实施的。调整日粮养分的目的是只供给维持、生长和妊娠的营养需要，取消泌乳所需要的养分供给；

应激主要是打乱原来的挤奶顺序或变换饲料；调整乳腺渗透压方法就是保持乳腺腺泡腔内的牛奶量，使内外渗透压处于动态平衡状态，使乳腺停止泌乳活动。

1. 传统方法（也叫逐渐停奶法或保守方法）

主要以调整日粮养分供给加应激方法为主，待产奶量下降至一定量后，以减少挤奶次数来实施。开始干奶时，先从日粮中减少或停喂精料、多汁料、糟渣类料和青饲料，日粮以粗料为主，并控制饮水，打乱母牛生活规律，如打乱挤奶次序、减少挤奶次数、隔日挤奶等，待日产奶量降至 5. 0kg 以下时停奶。整个过程需 10~15d。

这种干乳方法是把供给的营养基础降低，再加上打乱生活规律实现的，高产牛此时可降解体组织维持产奶，故对母牛损害较大，且日粮结构改变会使消化系统功能紊乱，影响胎儿的发育，乳房炎的发病率并不一定低。

2. 改良方法（快速停奶法）

快速停奶法是在传统方法基础上的改进型，在不减精料或少减精料的情况下，停喂多汁料、糟渣、青草等，用品质差的干草代替优质干草，不控制饮水，主要靠打乱生活规律达到抑制乳腺分泌活动的目的，待日产奶量降至 7. 0kg 以下时停奶，最后达到干奶目的，整个过程持续 5~7d。所采取的措施同传统方法，但强度较低，目前正在广泛应用。

该方法由于持续时间短，对母牛和胎儿影响较小，但停止挤奶时的奶产量较高，之后乳腺腺泡内的压力较大，对有乳房炎病史的牛影响较大，因此，较适合中、低产奶牛。

3. 骤然停奶法

该方法主要通过调整乳腺渗透压方法实施。母牛到停奶之日，首先将乳房彻底按摩几次，机器挤完后再按摩乳房几遍，手工将乳房中的奶挤干净，特别注意不能让乳头管的牛奶回流到乳房里，最后将每个乳头洗净，消毒后，用干乳药物通过乳头孔将之注入乳房，再用碘酒消毒乳头，转群进入干奶牛舍内。要经常观察乳房变化、厩舍和运动场的卫生状况，以减少感染乳房炎的机会。且发现乳房红肿、发热、发亮等异常现象，应立即治疗。

这种干乳药物一般有3~4种，包括长效抗生素、封锁乳头孔及乳头管道药物等，药效持续15d，待乳房内的残乳被吸收后就失去作用。

在大型集约化养殖前提下，骤然停奶法将成为一个趋势，一些干奶药物有待开发。

（四）干奶牛的饲养

根据干奶牛的生理特点和干奶期饲养目标，干奶期的饲养分为两个阶段：即干奶前期的饲养和干奶后期的饲养。

1. 干奶前期的饲养

干奶前期指从干奶之日起至泌乳活动完全停止、乳房恢复正常为止，此期的饲养目标是尽早使母牛停止泌乳活动，乳房恢复正常，饲养原则为在满足母牛营养需要的前提下，不用青绿多汁饲料和副料（如啤酒糟、豆腐渣等），而以粗饲料为主，搭配一定精料。

2. 干奶后期的饲养

干奶后期指从母牛泌乳活动完全停止，乳房恢复正常开始到分娩。此期是完成干奶期饲养目标的主要阶段。饲养原则为母牛应有适当增重，使其在分娩前体况达到中等程度。日粮仍以粗饲料为主，搭配一定精料。精料给量视母牛体况而定，体瘦者多些，胖者少些。视母牛体况、食欲而定，其原则是使母牛日增重在500~600g。

3. 干奶期母牛饲养过肥的后果

干奶期母牛饲养绝对不能过肥，否则会造成如下严重后果：母牛难产，并影响以后的繁殖机能，产后不能正常发情与受胎；

母牛产后食欲不佳，消化机能差，采食量低，体脂肪动员过快，导致酮病的发生；易导致乳房炎，进而乳房变形，给挤奶造成困难；饲料能量在干奶期贮存为母牛体脂，产后由体脂转化为乳，由饲料能量转化为乳中能量经过了体脂这一中间环节，不如直接由饲料能直接转化为乳能效率高，不经济。

（五）干奶期的管理

（1）禁止饲喂腐败发霉变质的饲料。发霉的饲料尤其是玉米发霉产生玉米赤霉烯醇，此物质有类似于雌激素的功能，能引起流产。

（2）禁止饲喂冰冻的饲草饲料（冬季泡料或者饲喂青贮等引起）。

（3）加强户外运动。萎缩的乳房和充足的养分供给是其前提，而避免分娩中的难产是其客观要求。加强户外运动一方面能促进肌肉收缩，防止难产和胎衣滞留，减少肢蹄病的发生，另一方面，多晒太阳可促进维生素 D 的合成以防止产后瘫痪的发生。但应避免剧烈运动以防止机械性流产，如狂奔、跳跃、急转弯和抵架。

（4）冬季饮水水温应在 10℃以上，不饮冰冻的水，最好自由饮不结冰的水。

（5）母牛妊娠期皮肤代谢旺盛，易生皮垢，因而要加强刷拭，避免蹭栏杆等引起流产。注意牛舍及运动场的环境卫生，有利于防止乳房炎的发生。

二、围产期奶牛的饲养管理

（一）围产期概念及代谢特点

围产期是指奶牛临产前 15d（或 21d）到产后 15d（或 21d）这段时间，按照传统分法，临产前 15d（或 21d）属于干奶后期，产后 15d（或 21d）属于泌乳早期。由于此阶段饲养管理的

特殊性及其重要性，将这一阶段单独划分为围产期。可将围产期分为围产前期和围产后期。围产前期指母牛临产前 15d（或 21d），围产后期指母牛产后 15d（或 21d）内 。

（二）围产前期与围产后期对养分的需求对比

围产前期是干奶状态，而围产后期是泌乳状态，体内激素、日粮精粗比等都发生巨大变化，表 5-7 是产后 4d 泌乳量以 20kg 计算结果：泌乳净能相差约 2.53 倍，氨基酸为 1.91 倍，葡萄糖为 2.67 倍，脂肪酸为 4.90 倍，钙为 2.1 倍，磷为 2.42 倍。

表 5-8 是分娩前后采食量、泌乳量、体内养分需要量等变化。

表 5-7　围产前期与围产后期对养分的需求对比

项目	泌乳净能（MJ）	氨基酸（g）	葡萄糖（g）	脂肪酸（g）	钙（g）	磷（g）
分娩前 25d	43	718	666	250	60	36
分娩后 4d	109	1 374	1 775	1 224	126	87

表 5-8　围产前期和围产后期（泌乳早期）泌乳量及流经肝脏养分

项目	分娩天数（d）					
	−19	−11	11	22	33	83
采食量（kg/d）	9.7	9.8	14.1	16.9	19.4	21.8
泌乳量（kg/d）	0	0	36.3	41.9	44.0	41
肝脏血流量（L/h）	1 120	1 140	2 099	2 139	2 098	2 408
肝脏氧气需要量（L/h）	1 473	1 619	3 159	3 336	3 454	4 092
肝脏葡萄糖需要量（g/d）	291	314	639	760	810	845
肝脏乙酸需要量（g/d）	92	128	268	238	229	143
肝脏乙酰乙酸量（g/d）	142	157	398	309	429	247

（三）围产前期的饲养管理

（1）从分娩前 2~3 周开始逐渐增加采食量，高产牛、瘦牛可开始早点，采食量增加多少应根据膘情、食欲及上胎产奶量等灵活掌握，逐日增加 0.4～0.5kg 精料和与之相匹配的粗饲料，到分娩前一周达到每 100kg 体重喂 1～1.5kg 精料为止，即精粗比约为1：1。

（2）产前 2～3 周，钙的限量按营养标准的 80%～90%给予，即给母牛饲喂低钙、高磷日粮和阴离子盐日粮，每天每 100kg 体重给钙量 5.0g 左右，日粮钙、磷比例为 1.5：1～1：1；这样可增强母牛甲状旁腺机能，增加母牛甲状旁腺素分泌量，使母牛提高从消化道吸收钙和从骨骼中动员钙的能力，使其血钙不致由于产后泌乳而严重下降。母牛产后立即增加日粮钙的供给。使用阴离子盐日粮时，产前 21d 日粮阴阳离子差（DCAD）=（Na^{+}+K^{+}）－（Cl^{-}+S^{2-}）应低于零，最好为－10～－15 毫克当量/100g 干物质，产犊后 DCAD 为高度正值，达到 35～45 毫克当量/100g 干物质。可有效预防产后瘫痪。

（3）适量补充维生素 A、维生素 D、维生素 E 和微量元素，对产后子宫的恢复、提高产后配种受胎率、降低乳房炎发病率、提高产奶量具有良好作用。

充足的维生素 A 可提高犊牛成活率，有利于产后胎衣的排出，提高产乳量，促进子宫恢复，使产后第一次发情正常来临，正常发情和正常配种。使母牛有可能按生产上的最优安排配种妊娠。此外，维生素 A 还有利于产后消化道恢复正常功能，使母牛早日达到营养平衡。生产上，母牛缺乏维生素 A 而使犊牛失明的情况不乏其例。

（4）使用干奶后期精料补充料是减少围产期疾病的物质条件。我们知道产后瘫痪是低血钙症，与钙的缺乏、钙磷比例失调或者维生素 D 缺乏有关，酮病与日粮能量、产前肥胖有关，青草搐搦与缺乏镁有关，乳房水肿与高能量和高钙、高钾有关，胎衣滞留与缺乏硒和维生素 E 有关等，干奶后期精料补充料是专门针对这些情况而设计的精料，可以从源头上补充营养缺乏症，提高奶牛免疫力，因此，使用干奶牛精料补充料是减少围

产期疾病的物质条件。

（5）加强干乳期母牛的运动。萎缩的乳房和充足的营养是干乳期母牛运动量加大的有利条件。

（6）控制膘情。干乳期的母牛也不能过肥，过肥影响以后产奶量，产后食欲不振，易造成产后瘫痪、酮病、消化道疾病、胎衣不下及产后难配等诸多问题，即肥胖综合征。

（7）注意饲喂卫生。冬季饮水的水温最好在20℃以上，或采取自由饮水方式，水温低不仅抑制瘤胃消化，还易造成流产。忌喂腐败、发霉与冰冻饲草料，以免流产。劣质青贮因酸度大也应少喂，否则不利于健康。

（8）注意畜体卫生。妊娠期的母牛代谢旺盛，皮肤易生皮垢，应坚持每天刷拭，促进血液循环，还可及时了解母牛状况，便于管理。

（9）预产期前15d母牛应转入产房，单独进行饲养管理，产房预先打扫干净，用2%火碱或20%的石灰水喷洒消毒，铺上干净而柔软的褥草，并建立常规的消毒制度；进行产前检查，随时注意观察临产征候的出现，做好接产准备。当出现分娩预兆时，能及时将其驱赶入产房。

（10）母牛临产前一周会发生乳房臌胀、水肿，如果情况严重应减少糟粕料的供给；临产前2~3d日粮中适量添加麦麸以增加饲料的轻泻性，并给予优质干草让其自由采食，防止便秘，发现母牛有临产征兆时，助产员用0.1%高锰酸钾溶液洗涤外阴部和臀部附近，并擦干，铺好垫草，任其自然产出。

（四）分娩期饲养管理

1. 母牛分娩的预兆

母牛临产前四周体温逐渐升高，在分娩前7~8d高达39~39.5℃，但在分娩前12~15h体温又下降0.4~1.2℃。母牛乳房在产前半个月到一个月左右迅速发育，并呈现浮肿。分娩前

1~2 周荐坐韧带软化，产前 24~48h，荐坐韧带松弛，尾根两侧凹陷，特别是经产母牛下陷更甚。在分娩前一周母牛的阴唇开始逐渐松弛，肿胀（为平时的 2~6 倍）皱纹逐渐展平。阴道黏膜潮红，黏液由浓稠变为稀薄。子宫颈肿胀松软，子宫塞溶化变成透明的黏液，由阴道流出，此现象多见于分娩前 1~2d，在行动上母牛表现为行动困难，起立不安，尾高举，回顾腹部，常有排粪排尿动作，食欲减少或停止。此时应有专人看护，作好接产和助产的准备。

2. 母牛的分娩过程

母牛分娩的持续时间，从子宫颈开口到胎儿产出，平均为 9h，这段时间内必须加强对母牛的护理。母牛的分娩过程可分为三个时期。

（1）开口期。此期母牛表现不安，喜欢在比较安静的地方，子宫颈管逐渐张开，且与阴道之间的界限消失。开始阵痛时（子宫收缩）比较微弱，时间短，间歇长，随着分娩过程的发展，阵痛加剧，间歇时间由长变短，腹部有轻微努责，使胎膜和胎水不断后移进入子宫颈管，有时部分进入产道。母牛开口期平均为 2~6h（1~12h）。

（2）产出期。母牛兴奋不安，时卧时起，弓背努责。子宫颈口完全开放，由于胎儿进入产道的刺激，使子宫、腹壁与横膈膜发生强烈收缩，收缩时间长，间歇时间更短，经过多次努责，胎囊由阴门露出。在羊膜破裂后，胎儿前肢或唇部开始露出，再经强烈努责后，将胎儿排出。此期约 0.5~3h，经产牛比初产牛长，如双胎则在产后 20~120min 排出第二个胎儿。

（3）胎衣排出期。胎儿排出后，子宫还在继续收缩，同时伴有轻微的努责，将胎衣排出。牛的母子胎盘粘连较紧密，在子宫收缩时胎盘处不易脱落，因此胎衣排出的时间较长，一般是 5~8h。最长不应超过 12h，否则按胎衣不下处理。

3. 助产及助产原则

对母牛的接产与助产十分重要，如果此工作做得好，胎儿可顺利产出，母仔平安，对母牛以后的泌乳和繁殖性能均无不良影响。如果此工作做得不好，胎儿和母牛均会有生命危险，造成产道、子宫炎症或损伤，影响产奶和以后的繁殖性能，应予充分重视。

母牛分娩应在专门产房进行，产房环境安静，便于消毒和接产操作；要固定专人进行助产，产房内昼夜均有人值班；如发现母牛有分娩征状，助产者可用0.1%~0.2%高锰酸钾温水溶液或1%~2%煤酚皂溶液，洗涤母牛外阴部和臀部附近，并用毛巾擦干，铺好清洁的垫草。助产者要穿工作服、剪指甲、准备好酒精、碘酒、镊子、药棉、医用剪刀、开膣器、调滑液及产科绳子等。助产器械均应严格消毒，以防病菌带入子宫内，造成生殖系统疾病。牛的分娩正常时一般任其自然产出，必要时再进行助产。

（1）助产的目的是尽可能做到母仔安全，仅在不得已时舍仔保母，同时须力求保持母牛的繁殖力。

（2）当胎膜已经露出而不能及时产出时，应注意检查胎儿的方向、位置和姿势，在正常情况下，不急于将胎儿拉出，尽量使它向左侧卧，以免胎儿受瘤胃压迫难以产出。

如果是顺生，可让其自然分娩。如果是倒生，当后肢露出，就要及时助产，因为当胎儿腹部进入产道时，脐带容易被压在骨盆上。如停留过久，胎儿可能会窒息而死。

（3）在外阴部见到胎膜后如胎位正常（前肢和头部在前）可不必助产，使其自行产出。如胎位不正，要对胎位进行矫正，先将胎儿推回子宫，矫正为正常胎位。当胎儿前肢和头部露出阴门时，而羊膜仍未破裂，可将羊膜扯破，并将胎儿口腔、鼻周围的黏膜擦净，以便胎儿呼吸。当破水过早，产道干燥或狭窄而胎儿过大时，可向阴道内灌入润滑液润滑产道，便于拉出。

（4）如母牛努责无力，在见到胎膜和前肢后经1h以上胎儿仍不能正常产出时，要进行助产。方法是用产科绳拴住胎儿前肢两个悬蹄以上部位，由人拉住产科绳慢慢进行牵引，牵引时注意与母牛的努责相互配合，牵引方向应与产道方向相一致，并护住母牛阴门，防止阴门撕裂，将胎儿拉出；遇其他异常情况如难产等应由兽医处理。

（5）如胎儿产出后母牛仍进行努责，则有双胎的可能，即尚有一胎儿未产出，应做好下一胎儿的接生准备。

（6）在胎儿产出后5~6h胎衣应该排出，应仔细观察完整情况，如胎儿产出后12h以上胎衣尚未完全排出，应请兽医处理。

（7）注意母牛外阴部的消毒和环境的清洁干燥，防止产褥疾病的发生；加强母牛产后的监护，注意恶露的排出量和颜色，尤为注意胎衣的排出与否及完整程度，以便及时处理；夏季注意产房的通风与降温，冬季注意产房的保温与换气，应坚持饮温水，水温37~38℃。

（五）围产后期的饲养管理

1. 围产后期的饲养

（1）围产后期的生理特点。牛分娩之后，几乎在一瞬间从妊娠生理状态变为泌乳生理状态，胎儿的排出，使腹腔内压骤然降低，胎儿所占的位置是经过9个月的日积月累而逐渐形成的，消化器官的易位是经过90余天而达到的，分娩后的母牛，其消化器官猛烈的复位带来了消化力、采食量重新平衡的现实问题，内分泌系统要重新调整，同时乳腺细胞的强烈活动，大量营养物质随乳排出，造成血液中各种营养物质短缺，由于营养物质入不敷出，必然从肌肉、脂肪、骨骼等组织分解营养物质来补充在血液中的含量，加上分娩时体力与体液的损耗，所以母牛的抵抗力降低，这个时期最易发生各种代谢疾病（奶牛产后综合征）和消化障碍，最难饲养。

（2）产后饲养原则。首要任务是采取一切措施维持母牛的健康状况，促使消化机能、生理机能早日适应强烈泌乳的需要。

母牛产后一般食欲较差，应充分供给母牛温水，并给予优质干草，任其自由采食，一般可按产前日粮喂给。产后2~3d食欲一般恢复正常，因此应根据母牛健康和食欲情况逐渐增加采食量，若食欲不佳，不需勉强。凡生产潜力大、泌乳量较高、食欲旺盛的牛可多加，反之则少加，其目的是希望母牛能安全地大量采食，尽早满足泌乳需要，尽可能少消耗体内积贮，把产后营养负平衡降至最低水平，争取零平衡，防止代谢病和产科病的发生。以此为基础争取产乳量稳步持续地增长，以便充分发挥其泌乳潜力，攻产乳高峰。泌乳高峰期的产量非常重要，在高峰期产乳量低1kg，整个泌乳期将少产200kg。产后饲养原则简言之即是：防病，保持健康，攻产乳高峰。

（3）围产后期母牛的护理。母牛分娩之后，应赶快将母牛驱赶站立，以减少产后出血，并用15~20L 30℃的温水，加入150~200g食盐，撒入一些麸皮供牛饮用，使母牛血压尽快恢复。

母牛分娩后舔干小牛10~20min后，用温热的0.1%高锰酸钾溶液洗净乳房，挤初乳喂给初生犊。初乳的喂量应根据初生犊体重的大小决定，一般挤2~4kg，以恰好满足小牛需要为合适，不要挤完，以免造成母牛精神状态不良，营养不足，抵抗力下降。在初乳期间每天挤3次奶饲喂初生犊，初乳过后用混合乳饲喂犊牛。

胎衣一般在产后4~8h内自行脱落，胎衣排出后应检查是否完整，并及时取走。如12h（有的认为24h）仍不脱落时，可采取兽医措施。

产后3~5d内，母牛由于大量失钙，易患产后瘫痪，特别是高产牛，除了产前两周给予低钙日粮外，在分娩之后要给予充足的钙、磷量，并注意它们的比例，补充维生素 D，或结合静脉注射葡萄糖酸钙、氯化钙等。

母牛产后 2h，天气暖和晴朗时，可让母牛在运动场内作适当的运动，以促进体质的恢复、恶露的排出、正常的发情与配种，但不宜驱赶作强制性运动。

（4）围产后期母牛的饲养。产后 2~3d 内仍按产前日粮结构饲喂，不要急于增加产奶料，避免消化道疾病，以后根据食欲、消化力恢复情况增加产奶料，但在分娩后 7d 内，精料按干物质计算不宜超过日粮的 50%。

围产后期母牛的日精料量，是从产犊后 3d 左右、每日每头增加 0.4~0.5kg 开始，一直增加到产乳高峰或增加到最大精料采食量。精料量一般不超过日粮的 60%，饲粮中应加碳酸氢钠与氧化镁的混合物，以防止慢性酸中毒。

在饲粮中添加瘤胃保护性脂肪，提高日粮能量浓度。

2. 围产后期母牛的管理

母牛围产期疾病占整个泌乳期疾病数量的 80%多，且围产期疾病多由干乳期饲养管理不当而引起。因此，从干奶期饲养管理着手解决围产期疾病才是根本途径。

（1）母牛在泌乳早期要密切注意其对饲料的消化情况，因此时采食精料较多，易发生消化代谢疾病，尤为注意瘤胃弛缓、酸中毒、酮病、乳房炎和产后瘫痪的监控。

（2）进行体况评分，调整分娩前后的日粮结构，使围产后期的体况评分在 3.5~3.75 分。

（3）母牛产犊后 15d 内应密切注意其子宫的恢复情况，如发现炎症及时治疗，以免影响产后的发情与受胎。

（4）给母牛提供一个良好的生活环境，冬季注意保温，夏季注意防暑和防蚊蝇。

三、泌乳牛饲养管理

（一）泌乳牛的饲养

泌乳阶段的划分。奶牛的一个泌乳周期包括两阶段，即泌乳期（约 305d）和干奶期（约 60d）。在泌乳期中，奶牛的产奶量并不是固定的，而是呈现一定的规律性变化，采食量，体重也呈一定的规律性变化，为了能根据这些变化规律进行科学的饲养管理，将泌乳期划分为 3 个不同的阶段，即泌乳早期，从产犊开始到第十周末；泌乳中期，从产后第十一周到第二十周末；泌乳后期，从产后第二十一周到干奶期之前。

1. 泌乳早期的饲养

泌乳早期的饲养是整个泌乳期饲养的关键，不但关系到母牛整个泌乳期的产奶量，还关系到母牛自身的健康、代谢病的发生与否及产后的正常发情与受胎。泌乳早期的饲养又是整个泌乳期饲养中最复杂、最困难的时期，必须加以高度重视。

（1）泌乳早期的生理特点及饲养目标。泌乳早期又称升乳期或泌乳盛期，此期母牛产奶量由低到高迅速上升，并达到高峰，是整个泌乳期中产奶量最高的阶段。因此，此期饲养效果的好坏，直接关系到整个泌乳期产奶量的高低。

此期母牛的消化能力和食欲处于恢复时期，采食量由低到高逐渐上升，但上升的速度赶不上产奶量的上升速度，奶中分泌的营养物质高于进食的营养物质，母牛须动员体贮进行泌乳，处于代谢负平衡，体重下降。

此期的饲养目标是尽快使母牛恢复消化机能和食欲，千方百计提高其采食量，缩小进食营养物质与奶中分泌营养物质之间的差距。在提高母牛产奶量的同时，力争使母牛减重达到最小，避免由于过度减重所引发的酮病。把母牛减重控制在 0.5~

0.6kg/d，全期减重不超过35~45kg。

（2）泌乳早期的饲养方法。产后第一天按产前日粮饲喂，第二天开始每天、每头牛增加0.5~1.0kg精料，2~3d后每天增加0.5~1.5kg精料，只要产奶量继续上升，精料给量就继续增加，直到产奶量不再上升为止。

（3）泌乳早期的饲养措施。多喂优质干草，最好在运动场中自由采食。青贮水分不要过高，否则应限量。干草进食不足可导致瘤胃中毒和乳脂率下降。

多喂精料，提高饲料能量浓度，必要时可在精料中加入保护性脂肪，在日粮配合中增加非降解蛋白的比例，日粮精、粗比例可达60：40~65：35。

为防止高精料日粮可能造成的瘤胃pH值下降，可在日粮中加入适量的碳酸氢钠和氧化镁；增加饲喂次数，由一般的每天3次增加到每天五六次。

2. 泌乳中期的饲养

泌乳中期又称泌乳平稳期，此期母牛的产奶量已经达到高峰并开始下降，而采食量则仍在上升，进食营养物质与奶中排出的营养物质基本平衡，体重不再下降，保持相对稳定。

此期的饲养目标为尽量使母牛产奶量维持在较高水平，下降不要太快。

饲养方法上，可尽量维持泌乳早期的干物质进食量，或稍微有些下降，而以降低饲料的精粗比例和降低日粮的能量浓度来调节进食的营养物质量，日粮的精粗比例可降至50：50或更低。这样可增进母牛健康，同时降低饲养成本。

3. 泌乳后期的饲养

泌乳后期母牛的产奶量在泌乳中期的基础上继续下降，且下降速度加快，采食量达到高峰后开始下降，进食的营养物质超过奶中分泌的营养物质，代谢为正平衡，体重增加。

此期的饲养目的除阻止产奶量下降过快外，要保证胎儿正

常发育，并使母牛有一定的营养物质贮备，以备下一个泌乳早期使用，但不宜过肥，按时进行干奶。此期理想的总增重为98kg左右，平均每天0.635kg。此期在饲养上可进一步调低日粮的精粗比例，达（30：70）~（40：60）即可。

（二）泌乳母牛的管理

泌乳母牛的管理应注意如下几个方面：

（1）母牛产犊后应密切注意其子宫的恢复情况，如发现炎症及时治疗，以免影响产后的发情与受胎。

（2）母牛在产犊两个月后如有正常发情即可配种，应密切观察发情情况，如发情不正常要及时处理。

（3）母牛在泌乳早期要密切注意其对饲料的消化情况，因此时采食精料较多，易发生消化代谢疾病，尤为注意瘤胃弛缓、酸中毒、酮病、乳房炎和产后瘫痪的监控。

（4）加强母牛的户外运动，加强刷拭，并给母牛提供一个良好的生活环境，冬季注意保温，夏季注意防暑和防蚊蝇。

（5）供给母牛足够量的清洁饮水。

（6）怀孕后期注意保胎，防止流产。

四、泌乳牛的挤奶技术、挤奶设备的维护及鲜奶初步处理

乳牛排乳是一个复杂的反射过程，是通过神经—激素途径调节的。乳牛的乳房在受到洗涤、按摩、或乳牛听到与挤乳有关的声音等刺激后，即引起脑垂体释放催产素，随血液流入乳房，引起腺泡周围的星状肌肉细胞网络收缩并压迫腺泡，产生排乳反射，使牛乳进入乳池。挤奶就是将牛乳从乳池中挤出的过程。挤奶技术的好坏，可以影响母牛泌乳潜力的发挥。

（一）挤奶的方法

挤奶的方法有手工挤奶和机器挤奶两种。

1. 手工挤奶

手工挤奶是在引起排乳反射之后，用大拇指和食指卡住乳头基部，即乳池下端，切断牛奶从乳头管向乳池回流的去路，将奶挤出。如果是依次用中指、无名指和小指挤压乳头，将奶从乳头管挤出的方法叫拳握式挤奶法。如果用大拇指和食指（有时同时用中指）卡住乳头基部顺势往乳头端滑下（拉下），把奶挤出，则叫下滑式（滑榨式）挤奶法。

拳握式挤奶法是手工挤奶中较好方法，人不易疲劳，牛不感到痛苦，效率较高，下滑式挤奶容易损伤乳头，长期用下滑式挤奶会使奶头和乳房变形，并易发生乳房炎，所以除了个别奶头短小，不能用拳握式挤奶的牛用此法外，一般均不提倡用此法。

2. 机器挤奶

机器挤奶的原理是模拟小牛吮母乳的动作而制成的。现在使用的有三节拍和二节拍两种挤奶器，其结构原理大体相同，是由抽气机使挤奶器中真空度维持在一定的压力，通过调节脉动器，使挤奶杯内吸吮—（挤压—）休息等动作交替变化，当在休息节拍时，挤奶杯内真空度降低，使乳头血液循环正常进行，乳头得到休息，同时乳房乳池中的奶进入乳头乳池。当吸吮节拍时，挤奶杯内真空度提高到额定数值，把乳从乳头中吸出，挤奶器的动作节律应和小牛哺乳时接近，即每分钟60次左右。挤奶机有多种形式，如便携式挤奶机、固定管道式挤奶机、各种形式的挤奶台、可移动式挤奶车等。

手工挤奶效率低，工人劳动强度大，容易对牛奶造成污染，优点是容易发现乳房的异常情况，及时处理。在牛场规模较小，劳动力价格较低的情况下可采用手工挤奶。机器挤奶效率高，奶不易受到污染，工人劳动强度低，缺点是乳房发生异常情况时不易及时发现，如机器质量差或机器发生故障时易对乳房造成损伤，适于在牛场规模较大，劳动力成本较高的情况下使用。

（二）挤奶技术及要求

1. 要求

挤奶人员必须身体健康，挤奶前把指甲剪去洗净，清理挤奶台（或牛床）及做好牛体卫生清理工作，准备好药浴液、一次性纸巾或毛巾。挤奶要定时，挤奶厅环境要安静和清洁，操作要温和，对待奶牛不要粗暴，使母牛形成良好的条件反射。

2. 机器挤奶技术

（1）挤奶前应用毛巾沾温水擦洗乳房，使乳房受到按摩和刺激，引起排乳反射。

（2）挤掉头三把奶。将奶牛驱入挤奶厅锁定后，挤奶员应立即按顺序对每头奶牛进行挤奶前处理。挤奶员一手持专用的奶汁检查杯，另一手对奶牛每个乳区挤出 3 把奶，一边挤一边检查并初步判断有无临床乳房炎发生，如有明显类似豆腐脑状凝块或血乳，则当班不予挤奶，待其他牛只挤奶完成后一同放出，另行处理。

（3）药浴乳头，用专用的药浴杯或喷枪对每个乳头进行药浴。药浴液应浸没整个乳头，至少达乳头 2/3 以上，药浴 30s 后用消毒毛巾或纸巾擦干。毛巾要清洁卫生并严格消毒，一头奶牛一条毛巾；或使用符合要求的一次性消毒纸巾。毛巾和纸巾不可交叉使用。

（4）套杯。擦干乳头后立即套杯，并将乳杯及橡胶奶管摆正，一只手握住集乳器上四根气管和四根输乳管，随即打开真空开关，迅速地依次将后乳头、前乳头奶杯套在乳头上开始挤奶。从第一步挤三把奶开始到套杯所用时间不得超过 90s。在挤奶过程中，挤奶员应密切注意挤奶进程，发现异常情况应及时处理。

（5）调整挤奶杯组。挤奶过程中，由于奶牛的走动、抬蹄等动作，使得挤奶杯和输奶管位置发生移动或扭转，并观察挤奶机节律是否适当和稳定，观察乳流的情况，若乳汁少或无乳，需检查奶杯是否未套紧，有无漏气的地方，如发现此类情况，挤奶员要立即给予调整和纠正。

（6）脱杯。当牛奶流速低于每分钟 200~400g 时，挤奶杯会自动脱杯；对于没有自动脱杯功能的挤奶机，应人工脱杯。挤奶结束，应及时脱杯，以免过度挤奶诱发乳房炎。

（7）挤奶结束后，握住集乳器，关闭真空开关，迅速地依次将前乳头奶杯、后乳头奶杯取下，最后还应检查乳房中乳是否挤净，必要时，用手工把乳房中的剩奶挤完。

（8）药浴乳头。

（9）挤奶机械应注意保持良好工作状态，管道及盛奶器具应认真清洗消毒。

就奶的产量、质量和乳房卫生来说，机械挤奶时，各种方法都可达到同样理想的效果，但切记机器挤奶是在人、机器和牛之间的一种相关活动，然而好的挤奶基础首先是一台良好的挤奶机，其次就是运用良好的挤奶特性。此外，在乳房准备就绪后，应立刻安上挤奶器，至少要在 45s 内完成。挤完奶后机器应立即拿走，挤奶机拿走后，马上把乳头浸湿或喷上药物，因为在出奶后 15~20min 乳头才能闭合。

（三）挤奶设备清洗与维护

1. 挤奶设备清洗

清洗挤奶设备及管道的目的主要是去除残留在管道中的牛奶和细菌，防止残留的乳脂肪、乳蛋白和乳糖等腐败变质，保持管道经常处于干净卫生状态，保证每次挤奶的正常进行，延长挤奶机使用寿命。

具体要求是当每个班次的最后一群（批）奶牛挤奶结束后，要及时对挤奶设备和管道进行清洗。目前每天采用“两碱

一酸”的清洗程序，即早、晚班挤奶后碱洗而中班挤奶后酸洗。

各步骤要求如下：

（1）预冲洗。在碱洗、酸洗之前都要进行预冲洗。其要求为：先将奶杯组洗净再装入底座，做不循环水冲洗，水温控制在 35~45℃，用水量以冲洗后水变清为宜。

（2）碱洗。在 75~85℃的水中加入适量碱性清洗液（碱液浓度 pH 值为 11）循环清洗，时间为 8~15 min，循环清洗后水温不能低于 40℃。之后再用35~45℃温水做不循环冲洗，用水量以 pH 试纸检测显中性为宜。

（3）酸洗。酸洗时，水温 35~45℃，加入适量酸性清洗液（酸液浓度 pH 值为 3）循环清洗，时间为 5~8min。之后再用35~45℃温水做不循环冲洗，用水量以 pH 试纸检测显中性为宜。

2. 挤奶机维护

包括经常检查和更换挤奶杯（挤奶杯橡胶垫应根据挤奶设备厂家建议在挤奶 5 000 头次后及时更换）和橡胶管、定期检查真空泵压力和脉动器频率的稳定性（对设备连接处及时上油保护）、及时检查信息识别装置和自动流量计的灵敏性和准确性等性能。

3. 挤奶环境消毒

每班挤奶结束，要及时清理挤奶厅卫生，定期做环境消毒。

（四）鲜奶的初步处理

1. 鲜奶的冷却

鲜奶的冷却有许多不同的方法，如水池冷却、冷排冷却、直冷式冷却器冷却等。

（1）水池冷却。将装有鲜奶的奶桶置于水池中，在池中通入冷水或冰水进行冷却。冷却过程中应不时搅拌牛奶，使桶内牛奶冷却均匀。水池中的水应不断更换以加快冷却速度。此法冷却速度慢，耗水量大，效率低，只适于小牛场和养牛户使用。

（2）冷排冷却。冷排是由金属排管组成的表面冷却器，内通冷却剂，使排管表面降温，牛奶自上而下经排管表面流下，使牛奶降温。冷排冷却效率高，构造简单，使用方便，价格低廉，现在少用。

（3）直冷式冷却器冷却。是一种使用冷源的罐式冷却装置，本身带有搅拌器和定时搅拌控制系统，可使牛奶均匀冷却，又可防止稀奶油上浮。

2. 鲜奶的暂存

冷却后的鲜奶仍须在 3.5~4 ℃下进行贮存，以防止微生物繁殖。鲜奶的暂存方法有二：

（1）将奶桶一直贮存于前面所介绍过的冷却水池中，并通过更换水池中的冷水将奶温控制在 3.5~4 ℃，直至将奶运出。

（2）贮存于直冷式冷奶罐中，定时开启搅拌装置，控制奶温保持在 3.5~4 ℃。

3. 鲜奶的运输

鲜奶运输中应尽量缩短运输时间，严禁中途停留。运输车辆和运奶罐要严格消毒，避免在运输过程中污染。

第三节　泌乳牛的精准饲养管理技术

一、牛群分群技术

不同生理状态、不同体重、不同生产能力的奶牛对营养物质的需求是不同的，把相同生理状态、相同体重、相同生产能力或者这些方面相接近的奶牛集中在同一个牛舍或同一个区域饲养就是分群。通过分群，我们能够根据全群奶牛的生产水平和营养需要配制饲粮，如果饲粮能够平衡的、全面的满足奶牛营养需要的话，就能够减少浪费并节约饲料成本；同时可以提

高劳动效率和进行简化操作，所以，科学分群是精准饲养管理的基础和前提。

分群越细则饲养管理就越精准，但奶牛场分群要有足够数量、多个独立的区域等，分群大小也受到挤奶厅、牛舍、配制不同饲料的能力、奶牛类型等的影响。一些牧场按照泌乳天数或者泌乳阶段来分群，还有一些牛场按照奶牛的繁育状态分群，有的则按照泌乳量分群。按照泌乳天数或者泌乳阶段分群与按照泌乳量分群的结果大致相同，而高产、泌乳早期的奶牛一般尚未配种，所以把它们放在同一群里喂高产料，并且使发情检测和人工授精更有效率，也在泌乳早期，所以，上述三种分群方法结果可能接近，但是，从精准饲养管理角度出发，后备牛和干奶牛按照月龄或生理状态分群，泌乳牛按照泌乳量分群是科学的，因为在大部分情况下，在同一泌乳阶段，有些奶牛的牛奶产量是其他奶牛的 2 倍甚至更多。

（一）后备母牛群

（1）哺乳犊牛（0 至 断奶日龄）：此阶段是后备母牛中发病率、死亡率最高的时期。

（2）断奶期犊牛（断奶日龄至 6 月龄）：此阶段是生长发育最快的时期。

（3）小育成牛（6~12 月龄）：此阶段是母牛性成熟时期，母牛的初情期发生在 10~12 月龄。

（4）大育成牛（12~初配月龄）：此阶段是母牛体成熟时期，15~18 月龄是母牛的初配期。

（5）妊娠前期青年母牛（初配月龄~妊娠期前 5 个月）：此阶段是母牛初妊期，也是乳腺发育的重要时期。

（6）妊娠后期青年母牛（妊娠最后 4 个月）：此阶段是母牛初产和泌乳的准备时期，是由后备母牛向成年母牛的过渡时期。

（二）成年母牛群

（1）干乳期（60d）：自停奶日期至分娩日期之前，此期对奶牛产后及乳房健康至关重要。

（2）围产期（30d）：分娩前和产后各15d，此期对奶牛的健康及以后的产奶量是关键饲养期，包括围产前期（15d）和围产后期（15d）。

（3）高、中、低产牛：当泌乳量符合牛场制定的高、中、低产范围时，归属到各自的牛群中。

二、奶牛全混合日粮（TMR）饲养技术与有效纤维

（一）奶牛全混合日粮精准饲养技术

奶牛日粮的饲喂方法有传统饲喂方法与全混合日粮饲喂方法。传统饲喂方法是精、粗料分开饲喂，精补料饲喂量固定，粗饲料自由采食。精补料的喂量，按照维持日精料量一般为2.0~3.0kg，泌乳的精料量为：日泌乳量少于25kg以下时，按每3kg产奶量加喂1kg精料，超过25kg以上部分按每2.5kg产奶量加喂1kg精料；妊娠后期精料量：产前2周左右开始，在维持基础上，每日增加0.2~0.4kg精料，使产前一天达到6~9kg喂量；泌乳期间体重变化：体重增加1kg，喂2.0~2.2kg精料。一般按照先少添加点粗饲料，随后饲喂精补料，其次是多汁饲料，最后喂粗料的饲喂顺序进行，饲喂顺序不随意更改。

1. 奶牛全混合日粮饲养概念

奶牛全混合日粮饲养技术就是根据牛群营养需要的粗蛋白、能量、粗纤维、矿物质和维生素等，把揉切短的粗料、精料和各种预混料添加剂进行充分混合，将水分调整为45%左右而得的营养较平衡的日粮。该日粮能够保证奶牛日粮精粗比例稳定、营养浓度一致，是以散放牛舍饲养方式为基础研究开发的，近年来正在我国大型奶牛场迅速推广应用的新技术，是实施精准

饲养管理的前提之一。

2. 奶牛全混合日粮饲养常规操作程序

全混合日粮搅拌车分为自走式、牵引式和固定式三类，规格有 $5m^3$、$7m^3$、$9m^3$、$12m^3$、$15m^3$、$19m^3$ 等可供选择，按照里面的搅拌类型分为立式与卧式（图 5-1）。往全混合日粮搅拌车的车厢投（进）料的程序应先添加较轻的、较长的原料，较短较重的安排在最后添加，理想的加料次序应考虑搅拌车型号及饲料品种。卧式饲料搅拌车加料顺序是先加精料，之后加入干草，搅拌数分钟后加入青贮饲料，然后再加入多汁饲料和液体饲料，最后再根据需要加水；立式饲料搅拌车加料顺序为先加

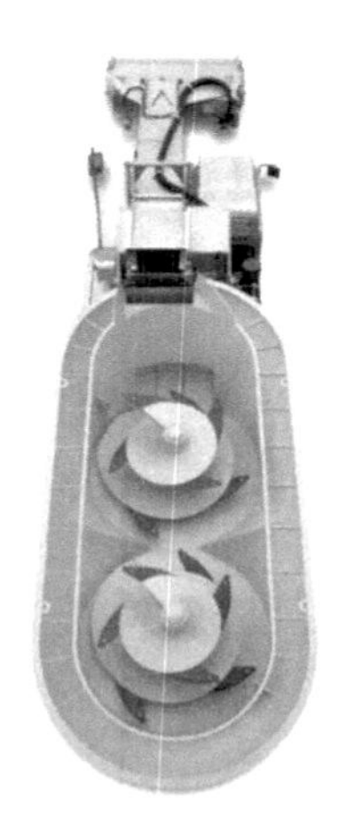

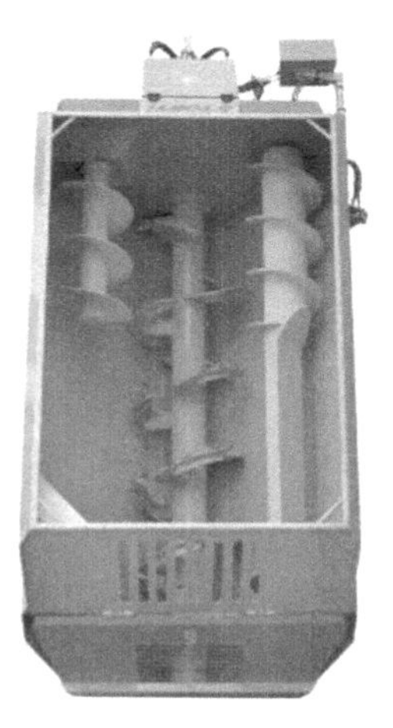

图 5-1　立式与卧式全混合日粮搅拌车

长干草，搅拌数分钟后加入精料，接着加入切短的粗料和青贮玉米，再加入多汁饲料和液体饲料，最后根据需要加水。采用边加料边混合，饲料全部填充后再混合 3~6min，全部饲料混合均匀后其含水率在 40%~50%，可以通过加水或精料泡水后再混入的方法保证日粮的含水率；饲喂后，根据气候等因素对日粮湿度、保鲜状况和混合态势的影响，尽可能地延长在槽时间，

以适应不同牛只的采食行为，记录每天每次每槽的采食情况、奶牛食欲、剩料量等，以便于及时发现问题，防患于未然；在下一次饲喂前，应保证有3%~5%的剩料量；每日饲喂2~3次，在饲料容易变质的情况下，可日喂3次。

3. 奶牛全混合日粮与精准饲养

要实施精准饲养管理，首先是摸清奶牛的营养需要量，再根据奶牛的营养需要设计配方、进行日粮配合、饲喂、经过奶牛本身消化吸收、被用于合成牛奶等产品和维持自身生存等。因此实施精准饲喂是其中最重要的环节之一。影响因素有饲料原料样品的准确性、饲料分析检测的准确性、配方设计的科学性、日料搅拌均匀度、饲喂定量的精准性、实际采食量与预设计采食量差值、养分实际消化率与预计消化率差值等。

（1）饲料原料样品的代表性高低。用于分析检测的饲料样品与库存饲料原料的养分是否存在差别是样品代表性的核心内容，饲粮配方是根据营养需要、现有饲料原料种类及其养分而设计的。饲料样品是否能真正代表库存饲料原料的养分，直接影响到精准饲养，该步骤的具体操作详见前述。

（2）饲粮配方设计的科学性。饲粮配方的准确性和精确性是饲粮配方设计的灵魂，对于粗蛋白、泌乳净能、钙、磷、维生素和微量元素的绝对供给量并不是饲粮配方设计的重点和难点，而最重要的是瘤胃能氮是否平衡、粗蛋白质中的瘤胃降解蛋白和瘤胃非降解蛋白是否平衡、日粮中的有效纤维与中性洗涤纤维是否协调平衡、微量元素硒与维生素 E 是否达到最佳配比、微量元素锌与维生素 A 是否达到最佳配比、实际采食量与设计采食量是否吻合、微量元素添加量与设计饲粮配方是否配套，这是饲粮配方设计的灵魂。

（3）TMR 搅拌均匀度。为了实施精准饲养管理，必须切短后搅拌均匀，其目的是首先达到了养分均匀化分散，避免养分不均匀使养分摄入不匀，还可避免搅拌不匀引起中毒，避免挑

食使牛群摄入养分与设计出现偏差。

（4）饲料转化效率的高低。饲料转化效率一般都是基于奶牛处于健康、无应激、正常采食量、中立的环境温度、饲料原料无发霉变质、常规加工状态等前提下的结果，奶牛实际所处周围环境不可能与上述条件完全吻合，但必须注意有些环境条件对提高饲料转化效率有利，如压片玉米、揉切的粗饲料、添加剂等，特别是避免降低饲料转化效率的环境条件的出现，如奶牛处于腹泻、酸中毒等疾病状态，处于冷热应激等状态，饲料冰冻或发霉变质等，同时还要考虑原料之间可能发生的拮抗反应。

4. 使用 TMR 饲养技术带来的经济效益

提高奶牛对日粮的采食量，因此可提高奶牛生产性能（包括乳脂率、乳蛋白率、产奶量等），一般认为可使产奶量增加5%~8%，即 1.5~2.0kg 产奶量，全乳期平均每头产奶量增加450~610kg，乳脂率增加 0.1~0.2 个百分点，可使牛乳品质提高一个档次；提高对营养物质利用率，减少奶牛代谢病的发生；提高劳动生产率。

（二）有效纤维

奶牛瘤胃微生物活动的正常与否直接关乎奶牛的健康，而瘤胃的 pH 环境直接影响瘤胃微生物的生长、繁殖以及菌体蛋白的生产效率。粗饲料纤维刺激奶牛反刍，反刍咀嚼行为增加唾液分泌量，从而维持瘤胃 pH 环境的稳定，保证其瘤胃健康，奶牛每天累计反刍 7~9h。青贮或干草如果过长，会影响奶牛采食，造成饲喂过程中的浪费；切割过短、过细又会影响奶牛的正常反刍，使瘤胃 pH 值降低，出现一系列代谢疾病。掌握奶牛日粮适宜的纤维长度，保证奶牛正常反刍，对于高产奶牛的健康和利用年限显得特别重要。

观察奶牛反刍是评价日粮提供纤维是否适宜的有效方法之

一，饲喂后1～2h观察牛群时至少应有60%～70%的牛正在反刍，但比较客观的方法是宾州筛过滤法。

美国宾夕法尼亚州立大学的研究者发明了一种简便的、可在牛场用来估计日粮组分粒度大小的专用筛。这一专用筛由3个叠加式的筛子和底盘组成。上层筛子的孔径是19mm，中层8mm，下层1.18mm，最下面是底盘。

一般在高、中和低产泌乳牛等各类牛舍中采样，必须从奶牛未采食前的日粮中随机取样，一般对每类牛选择有一定间隔的、至少6头牛的数量采样，从其槽位上完整地把日粮取出，缩减后称重，然后放在上部的筛子上，接着水平摇动宾州筛，每边至少摇动6次，用力均匀，直到只有长的颗粒留在上面的筛子上，再也没有颗粒通过筛子为准。这样，日粮被筛分成4部分，分别对这4部分称重，计算它们在日粮中所占的比例。采用宾州过滤筛测定后推荐的饲草和全混合日粮饲料颗粒大小标准分为大于19.0mm、8.0～19.0mm、小于8.0mm（1.18～8.0mm以及1.18mm以下）分别为8%～15%，30%～50%，40%～60%。宾州筛过滤是一种数量化的评价法，是否适合我国饲料条件的不同牛群的日粮情况还有待研究。

三、奶牛行走移动评分技术及蹄浴

奶牛行走是其生存、繁殖和生产等过程中必需的元素，行走量一般以步数表示。奶牛每天行走的基础量是采食、饮水、出入牛舍、泌乳等生命过程中的必须活动，当奶牛处于发情兴奋状态时，行走量会显著增加，当奶牛肢蹄或机体出现疾病、运动场泥泞等情况时会减少行走。奶牛行走量减少是需要特别注意的，在这里有必要区分是客观因素还是主观因素引起的行走量减少，如头均奶牛运动场面积、运动场的附属设备（卧床与凉棚）满足情况，运动场质地、天气等原因会影响行走，跛足、酮病则会显著降低行走量，不仅导致采食量、泌乳量降低，而且危害动物福利。行走评分就是利用这个特点对奶牛每天的活动量进行统计，从而达到对奶牛肢蹄健康管理的目的。

（一）奶牛行走移动评分的方法

奶牛后肢出现问题的概率更大，当后部肢蹄出现问题时，肢蹄不能负重或负重能力减弱，此时会通过背腰部的肌肉收缩减少后肢负重，所以背腰部会拱起，根据肢蹄是否可以负重和背腰部是否拱起可以对行走移动进行评分。奶牛行走评分实行5分制的方法，分别由正常到严重跛足按照1~5分的范围进行评分。

当奶牛行走和站立时背部平直、步法正常时为1分；当奶牛站立时背部平直，但行走时弓背，步法正常时为2分；当奶牛站立和行走时都弓背，步幅减小时为3分；当奶牛无论站立和行走时都弓背，步态不稳，每次只走一步，一足或多足患跛症，但仍能承重时为4分；患足不能站立时为5分。

跛行母牛造成的经济损失十分明显，采食量减少，发情配种延迟，奶产量下降，使用年限缩短，增加治疗费用，经济损失严重。管理好的奶牛场行走评分目标是评分为3、4、5分的母牛数要低于10%。

（二）提高奶牛行走移动评分的途径

由于蹄子位于肢体的末端，血液循环相对缓慢，因此，药物通过组织液和蹄子进行交换的速率慢，药效较难发挥作用；奶牛所处的环境（牛舍、运动场、奶厅）相对不清洁，容易抵消药效，或复发，使蹄病治愈率很低，奶牛在得不到有效治疗的情况下，运动能力降低，在群体中的竞争能力和地位下降，采食、饮水受到限制，最终因营养衰竭引起死亡或淘汰。如何预防肢蹄疾病是精准饲养管理中最重要的一环。

蹄甲是蹄子最外层、坚硬的、具有保护功能的附属结构，蹄小叶是蹄子实质性组织与蹄甲结合部分，结合紧密与否是肢蹄疾病发病率高低最重要因素，为奶牛蹄甲、蹄小叶正常生长和发育提供必要的养分是提高奶牛行走移动评分最重要的途径；每年进行1~2次常规性修蹄和经常性蹄浴是避免出现肢蹄问题的必要措施和最基本的预防手段，修蹄可以使蹄底保持平整，均匀负重，保持蹄甲生长和磨损的平衡，维持肢蹄正常姿势，避免引起异常姿势而导致蹄病，蹄浴不仅可预防和治疗感染性蹄病外，而且可增加蹄质硬度；采取综合措施，如科学设计奶牛场与奶牛舍、搞好环境卫生、加强选种和育种工作和减少疾病因素和其他因素诱发蹄病的发生，是减少蹄病的物质条件，是提高奶牛行走移动评分的综合途径。

四、奶牛粪便评分技术

奶牛粪便的评定是检查奶牛的营养供给、消化吸收后的综合平衡问题，奶牛粪便的评判虽不能对营养问题提供全部的、确定的回答，但从一个侧面提供和反映了一些线索，因而是一个很有用的诊断手段，对许多营养问题的发生，它能给予很多的暗示和对问题解决的启示。

奶牛粪便是奶牛消化后的产物，奶牛摄食的各种养分减去粪便中的所剩余的养分是进行代谢的基础，根据奶牛对各种养分消化的过程知道，不同生理阶段的奶牛，其不同消化道部位（瘤胃、小肠和大肠）对养分消化、吸收比例虽然不同，但有一定的范围，经过瘤胃、小肠消化后剩余的养分最后在大肠进行消化而排出。

奶牛饲粮中含有的有效纤维应大于15%，或者NDF含量应大于25%，其中的木质素不能被消化，被排入粪便中，木质素具有强吸水性，使粪便呈现一定的黏稠度；当大量养分不能在瘤胃和小肠消化吸收而进入大肠后，可能影响大肠内渗透压，使肠道内渗入过多水分而影响黏稠度，因此，粪便黏稠度不仅反映了日粮结构（精粗比），也反映了养分供给与可被消化吸收问题，这是进行粪便评分的理论依据。

（一）奶牛粪便评分的方法

正常的奶牛的粪便看起来应该成堆，应该有3~6个叠圈，堆高6~8cm，中央应有一个浅凹或浅窝，并在粪便中几乎找不到谷物颗粒或长于0.7cm的纤维片。

1. 感官评分法

奶牛粪便的评分实行是5分制的方法，分别由稀到球状给1~5分，每0.5个单位递增。

1分。这种粪便就像豆汤一样稀，呈“拱形”从奶牛尾部泄出。过量的蛋白质或淀粉、太多的矿物质或纤维缺乏都可能导致这种情况，后肠道中过量的尿素能产生渗透梯度从而将水吸收到粪便中。腹泻的牛就属于这一类。

2分。粪便松软易流动，不能成堆。高度小于2.5cm，当落到地面或混凝土上时会飞溅出来。是在优质草场上放牧奶牛的典型粪便。低纤维或缺乏有效纤维也会导致这种粪便出现。

3分。这是最理想的评分。呈粥样，高4~5cm，有几个同心圆，中间较低或有陷窝。落在混凝土上有扑通声，会粘在人的鞋子上。

4分。粪便较厚，容易粘鞋，堆高超过5cm，是弃型的干奶牛或年龄较大的青年母牛的粪便（这也反映饲喂的粗饲料质量差和/或蛋白质不足）。增加谷物或蛋白质可以降低这样的粪便得分。

5分。这种粪便呈现为坚硬的球状，只喂稻草或脱水的情况下会导致这种评分的粪便，消化障碍的牛也可能有这种情况。

2. 粪筛法

在粪便评分基础上结合使用粪样筛，可以比较客观评定饲料消化情况。

粪筛是一个专用的、由3个叠加式的筛子组成，上层筛孔直径为 4. 7625mm，中层 2. 3813mm，下层 1. 5875mm。

使用粪筛时，每群牛按照 10%的头数比例取样，每头牛取粪样 2L 左右，放入筛中用花洒进行淋浴冲洗，慢放快提使水流出，清洗的水要到清亮，清洗完后，湿重、干重分别称重记录，根据各层筛上物重量判断。如果上层、中层过多（<50%），瘤胃健康及消化存在问题；上层、中层大颗粒过多（纤维、棉籽、玉米），纤维消化受影响。

（二）奶牛粪便理想状况

1. 感官评分法

不同的产奶阶段奶牛粪便的推荐分值为干奶前期牛 3. 5 分，干奶后期3. 0 分，围产期牛 2. 5 分，高产牛 3. 0 分，产奶后期牛 3. 5 分。

2. 粪筛法筛分标准

见表 5-9。

表 5-9　粪筛法不同生理阶段推荐比例　（%）

项目	上层	中层	下层
高产奶牛	<20	<30	>50
低产奶牛	<15	<25	>60
干奶牛	<20	<20	>60
后备牛	<15	<20	>65

（三）奶牛粪便评分的分析与应用

粪便中带有大量未消化的整粒或不完整的玉米、全棉籽或大豆颗粒时，同时酸度小于 6，表明奶牛饲喂了大量的谷物和非纤维性碳水化合物，或者精补料加工不充分，也有可能是奶牛挑食，此时瘤胃酸中毒问题的可能性已存在，其乳脂率降低和脂肪蛋白质比倒挂；粪筛上、中层比例偏大、且主要

为粗饲料时，表明粗饲料质量差、日粮变化突然、瘤胃降解蛋白不足、瘤胃可发酵有机物不足、瘤胃能氮不平衡、不饱和脂肪偏多等；粪便中可看到较多黏液的话，表明有慢性炎症或肠道受损，有时也能看到黏蛋白管型物在其中，这些都说明大肠有损伤，是由过度的后肠发酵和过低的 pH 值所引起。粪便中如有气泡，表明奶牛可能乳酸中毒或由后肠道过度发酵产生气体所致。

五、采食量的评分技术

在饲喂奶牛的日粮中，一般精料的量是固定的，粗饲料实行自由采食的原则，但是在很多情况下，奶牛场没有做到自由采食粗饲料，如何判断奶牛是否自由采食粗饲料？一般有下列行为之一都被认为采食量没有得到满足：上槽时争先恐后，时间很短；上槽过程中母牛见到饲养员后发出特有的哞叫；下槽时母牛恋槽而不舍得离开；下槽时饲槽里粗饲料所剩无几，或仅有茎秆或结节；奶牛左肷部干瘪不饱满。

六、奶牛的体况评分

奶牛的体况评分是评价奶牛体脂肪沉积量（膘情）并预测机体能量摄入和产出的平衡状况的一种方法，是通过视觉和触摸相结合，主观上测定体脂和组织储备的方法，是推测检验饲养管理水平的一项实用指标。体况评分方法是在 1~5（或 9）分范围内用分数单位来描述牛体从消瘦至肥胖程度的，在估测牛机体能量储备方面远优于现行的目测法或体重身高比率计算等方法。其最大优点是简便易行、易学、易于推广普及，不需要任何特殊的工具和设备，就可快速得出结果。并且对于普遍的生产管理和研究来说，都具有足够的准确性。更重要的是当描述牛体况时，每个评价者都能应用同一种语言来表达，这就比用那些含糊其词的级别术语，例如“肥”“中等肥”“稍肥”

“瘦”“较瘦”等来描述，更为准确和统一。

（一）奶牛体况评分的意义

①母牛产犊时过于肥胖，往往容易导致采食量下降，而且多发生代谢疾病及产科病（如脂肪肝、酮病、真胃移位、难产、胎衣不下、子宫内膜炎和卵巢囊肿）；②过于消瘦的泌乳牛，由于缺乏足够的体能储备支持泌乳需要，导致泌乳期峰值不高，持续期短，产奶量低，发情不明显或隐性发情；③对于后备牛，营养不良会延迟初情期，影响投产时间；④对于性成熟前（12月龄）过于肥胖的育成牛，则因为其乳房内沉积大量的脂肪，妨碍了乳腺组织的发育，造成终生产奶量不高 。

（二）体况评分方法

1. 体况评分的主要部位

牛体况评分的方法是通过观察和用手触摸牛体的某些特定部位，评价其皮下脂肪的沉积程度，依此评价牛体的膘情状况。评价的主要部位和方法如下。

（1）尾根。是指观察和触摸牛尾根部与骨盆的交接处周围皮下脂肪的沉积情况。

（2）坐骨端（坐骨结节）。用手触摸和挤压这一部位，感觉脂肪的覆盖程度。

（3）三角区。是指坐骨结节与髋结节之间，荐骨两侧的区域，用手触摸和按压，估测皮下脂肪含量。

（4）荐骨部。观察、触摸和评价荐骨上部的脂肪覆盖量。

（5）韧带。主要包括坐骨与尾根连接的韧带和荐骨与脊椎骨之间的韧带区域，确定其脂肪覆盖厚度。

（6）脊椎骨（背线）。目测和用手掌在该部移动按压，检查脊椎骨的突出程度，用以估价该部位的脂肪沉积量。

（7）短肋骨（腰椎肋横突）。将手放在牛的腰部，手指的指向与髋结节相对，用大拇指去触摸和感觉短肋骨部末端

的脂肪覆盖量，观察并触摸短肋骨下方肷窝处的脂肪填充情况。

（8）观察并用手抚摩检查肋骨表面脂肪的覆盖程度。

2. 评分标准

按照国际通行的英国评分标准体系，为5分制，即牛体况的评分级别是从1分（非常瘦）到5分（较肥）。具体评分标准见表5-10。

表5-10　奶牛体况评分标准

评分	体脂肪含量（%）	体况类型	评价方法
1.0	3.8	过瘦	观察肩胛骨、肋骨、脊骨、髋结节、尾根、坐骨端清晰可见，突出明显。这些部位几乎看不到脂肪沉积或组织附着。用手触摸每一短肋骨（腰椎肋横突），感觉轮廓清晰明显凸出，呈锐角，没有脂肪覆盖其周围
1.5	7.5	很瘦	观察体表几乎没有脂肪沉积，触摸短肋骨可感觉到突出，短肋骨间存一定凹陷。触摸每一短肋骨，和1分体况比较，开始有些组织覆盖
2.0	11.3	瘦	观察腰部、背部及胸肋有些脂肪存在，可触摸到脊椎骨，短肋骨间的空隙很明显。用手触摸，可分清每一单独的短肋骨，但感觉其端部不如1分体况那样锐利，有一些脂肪覆盖于尾根周围，髋结节和肋骨不明显
2.5	15.1	中等	看不到胸骨，第12、第13肋骨肉眼可见，肋骨之间距离较宽，轻压能感觉到短肋骨圆滚，后腿部有些脂肪覆盖
3.0	18.9	适度	观察不到第12、第13肋骨，短肋骨之间看不到间隙，尾根部与身体平滑衔接，牛体不见突出棱角。只有当用力下压时，才能触摸到短肋骨，很容易触摸到尾根部两侧区域有一些脂肪覆盖
3.5	22.6	良好	观察肋骨完全被脂肪覆盖，难以区分，后腿部脂肪丰满充实，可见有脂肪覆盖于胸肋骨及尾根两侧，用力下压才能感觉到短肋骨

（续表）

评分	体脂肪含量（%）	体况类型	评价方法
4.0	26.4	肥型	无法观察分辨短肋骨间隙，尾根部有丰富的脂肪覆盖，触摸尾根周围覆盖的脂肪柔软，略呈圆形，尽管用力下压也难以触摸到短肋骨，可见更多的脂肪覆盖于肋骨，牛的整体脂肪量较多
4.5	30.1	很肥	牛体呈现圆滚平滑状，体躯宽深，牛体的骨架结构不明显，触摸体表脂肪覆盖很厚。因体脂肪的积累而不能灵活运动
5.0	33.9	过肥	牛体的骨骼结构不可见，躯体呈短粗的圆筒状，尾根和髋结节几乎完全埋在脂肪里，肋骨和大腿部明显沉积大量脂肪，短肋骨被脂肪包围，牛体因沉积大量过多的脂肪而影响其运动

3. 奶牛体况评分的方法

评定时，将奶牛保定于牛床上，通过对评定部位的目测和触摸，结合整体印象，对照标准给分。在操作过程中，某一奶牛的体况可能介于两个等级之间，上下为 0.25 分之差，如 2.75 分，表示被测动物的体况是介于 2.5 分与 3.0 分之间。由于被毛丰满时，会从视觉上掩盖较差的体况，所以，体况评分不仅要靠眼观，更主要的是根据手的触觉，对动物体表某些特定部位的脂肪覆盖程度进行衡量而决定评分。

4. 奶牛理想体况

理想体况是奶牛获得最大的产奶量和最小的代谢紊乱病的体况。在奶牛泌乳早期不能维持适宜体况或体况发生迅速变化，表明牛群健康状况或饲养管理可能存在某些潜在的问题。奶牛达到理想体况可降低疾病发生率、提高产奶量、提高繁殖性能。要得到最大的经济效益，必须在泌乳的各阶段让奶牛体况达到最佳，避免过肥或过瘦（表 5-11）。

表 5-11　牛体况的评分的时间和理想的评分

牛的类型	评分时间	理想的评分	变动范围
成年母牛	产犊期	3.5	3.25～3.75
	泌乳早期（1～30d）	3.0	2.75～3.25
	泌乳早期（31～100d）	2.75	2.50～3.00
	泌乳中期	3.00	2.75～3.25
	泌乳后期	3.25	3.0～3.5
	干乳期	3.5	3.25～3.75
后备母牛	6月龄	3.0	2.75～3.25
	12月龄（性成熟期）	3.25	3.0～3.5
	15月龄（初配期）	3.5	3.25～3.75
	24月龄（初产期）	3.5	3.25～3.75

5. 奶牛体况评定的时间

（1）成母牛一个产奶周期应该进行 5 次体况评定，即分娩期、泌乳高峰（产后 21～45d）、配种时（产后 60～110d）、泌乳后期（干奶前 60～100d）和干奶期。

（2）后备母牛一般自 6 月龄开始，每隔 1～2 个月进行 1 次体况评定，重点是 6～12 月龄、第一次配种及产前 2 个月。

第四节　奶牛代谢病原因及防控

一、产后综合征原因的分析及对策

由于种种原因使母牛产后出现乳房恶性水肿、乳热症（产后瘫痪）、酮血病、酸中毒、瘤胃积食、胎衣不下、真胃移位、真胃积食、真胃炎等症状称为奶牛产后综合征，轻则花费巨大的治疗费用，造成奶牛产奶量下降，影响经济效益；重则治疗不愈，不得不淘汰奶牛。

奶牛产后综合征属于代谢病，与能量相关的代谢疾病有酮病、脂肪肝、真胃移位、亚急性瘤胃酸中毒；与矿物质代谢相关的代谢疾病有产后瘫痪、低钙血症和乳房恶性水肿；与免疫功能紊乱相关的疾病有胎衣不下、子宫炎、子宫内膜炎和乳房炎。代谢病首先是由营养不当引起，代谢病通常需要兽医或管理人员治疗，一种代谢病通常诱发其他代谢病的发生，最终导致产奶量、生产能力下降，甚至引起奶牛被淘汰。

1. 与能量相关的产后综合征原因的分析及对策

（1）酮病。是奶牛动用体脂、分解不完全引起的。当奶牛产奶需要能量大于摄入能量时，它就会动用体内贮存脂肪提供能量。脂肪首先被分解成小的片段叫非酯化脂肪酸，这些物质被送到肝脏，在肝脏脂肪酸被分解形成乙酸盐。在这个过程中能量就产生，乙酸酯必须被进一步氧化生成二氧化碳和水产生更多能量，然而这个过程需要丙酸的参与，如果没有足够的丙酸，肝脏在生成乙酸盐的过程中，乙酸盐分子会结合产生丙酮、乙酰乙酸、β-羟基丁酸，这些酮体被肝脏释放到血液，就会引起酮症。由于酮体中主要是β-羟基丁酸，所以，当血液中β-羟基丁酸大于1.4mmol/L时，为亚临床性酮病，大于3.0mmol/L时，为临床型酮病。

酮病发生的原因有日粮中粗蛋白含量过高而泌乳净能不足、DHI数据中的脂蛋比高于1.4、产前肥胖（体况评分大于3.75）、槽位距小于80cm、产前血中非酯化脂肪酸浓度较高、有脂肪肝疾病、富丁酸青贮等都是该病发病的重要原因。

在泌乳高峰期、泌乳后期、干奶期和产前连续进行体况评分并及时调节体况、配制瘤胃能氮平衡日粮、在不同生理期掌控体重变化幅度（比如干奶期增重36kg左右）、在围产期日粮中添加生糖先体物（丙酸钙、丙二醇）、在围产期日粮中添加过瘤胃胆碱和过瘤胃烟酸等是目前公认的、有效的对策。

（2）脂肪肝。脂肪肝就是在奶牛的肝脏积储了大量的脂肪，奶牛在背部脂肪积储的时候肝脏脂肪积储较少，脂肪肝是奶牛动员体脂，在肝脏收集脂肪形成的，因此肝脏变的肥胖而体重却减轻。脂肪肝（脂肪含量>20%）削弱了肝脏功能，增加了疾病的感染几率，影响生产，严重时会导致死亡。一旦脂肪在肝脏沉积，脂肪水平很难降低，奶牛需要一定阶段的能量正平衡后才能转变，产后大约需要5～10周。像酮病，肥胖的奶牛（BCS > 3.75）较瘦的牛在产奶初期更容易患脂肪肝综合征，能量负平衡是脂肪肝发生的最初原因。应激也可以发生脂肪肝，产犊时的应激，激素分泌就会提高血脂的浓度，差的环境和管理不当都会使奶牛产生应激。

（3）真胃移位。有可能出现在左侧或右侧，通常情况出现在左侧，这种情况是真胃从腹部右侧的正常位置移动到了左侧，这种情况通常发生在奶牛采食大量的谷物精饲料，而缺乏有效纤维的食入。这种疾病还有可能仅由于干物质采食量不足引起。瘤胃饱满、胃蠕动减弱，真胃被气体和部分消化物充满，这样真胃就移位。通常左侧真胃移位在产犊后一周内发生，但是如果饲料突然改变或日粮中缺乏有效纤维，在产奶末期也易发生。

2. 与矿物质代谢相关的产后综合征原因的分析及对策

（1）产后瘫痪。产后瘫痪又称产乳热，是奶牛常见的代谢病，多由钙、磷代谢障碍所引起。母牛在妊娠后期和产奶初期消化机能较差，围产后期采食量低，对钙、磷的消化吸收能力减弱，母牛分娩后即开始大量泌乳，由乳中分泌出的钙量大大高于从骨骼中动员及消化道吸收的钙量，造成钙的负平衡。如果此时母牛甲状旁腺机能较弱，甲状旁腺素分泌较少，不能从骨骼中及时动员出足够的钙，则会导致血钙水平降低，使母牛神经系统兴奋性增强，发生产后瘫痪。

该病真正的问题是会引起其他一些代谢病，包括酮病、胎衣不下、真胃移胃、乳房炎。患该病的奶牛释放大量的皮质醇，这种物质会抑制免疫系统，诱发胎衣不下、子宫炎和乳房炎，同时低血钙的情况下会影响肌肉的功能，包括乳头括约肌，使乳头括约肌不能很好地闭合，增加了乳腺感染的几率，胃部肌肉收缩无力引起真胃移位，最终产褥热引起采食量的下降，引起酮病发生。

奶牛初乳和常乳中需要大量的钙，产犊后主要通过甲状旁腺激素（PTH）调节，从骨骼进行钙动员、促进日粮钙的吸收率和增加肾小管对钙的重吸收来满足。激素使血钙维持在正常的水平（9~10 mg/dL），但是激素活性会被食入高钾和高钠日粮而抑制，这些离子都是阳离子，它们碱化血液使血液的pH值升高，高钾同时会降低日粮中镁的利用率，低血镁会阻碍奶牛识别系统感应低血钙水平，近而减少PTH激素的分泌、钙动员、钙的吸收。代谢性碱中毒、低镁血症等是产后瘫痪的主要原因。

预防方法是最迟从产犊前两周开始给母牛饲喂低钙、高磷日粮，每天每100kg体重给钙量不超过6g，日粮钙、磷比例为1.5∶1~1∶1，这样可增强母牛甲状旁腺机能，增加母牛甲状旁腺素分泌量，使母牛提高从消化道吸收钙和从骨骼中动员钙的能力，使其血钙不致由于产后泌乳而严重下降，母牛产后立即增加日粮钙的供给；其次是使用阴离子盐日粮，即产前14~21d使日粮中阴阳离子差小于零（-10~ -15毫克当量/100g干物质），产犊后达到高度正值（35~45毫克当量/100g干物质）；第三则是产后补钙的方法。

（2）乳房水肿。就是在乳房周围聚集了大量的液体，它与饲喂过多的能量饲料、钙、钾有关，它还有可能由氧化应激引起。

乳房水肿就是在奶牛的乳房积聚了大量的液体，有时也可能扩展到腹部。产犊前后通常会发生乳房水肿，但是过度的水肿会造成挤奶困难，乳房悬挂韧带的永久损坏。发生了乳房水

肿挤奶时不能把奶挤尽，会造成产奶量减少，乳房水肿主要是由于流入乳房的血液增大而流出的减少造成的，血管的渗透性增加使液体溢出，在组织中聚集。

引起乳房水肿的原因目前还不太清楚，青年牛初产时发生率较大，有可能是由于血管生长还不成熟，有些牛的发生趋势有可能是由于遗传因素。乳房水肿有可能与饲喂高能量、高钠、高钾日粮有关。为了避免乳房水肿产前三周日粮中钠、钾推荐用量为钠低于 0.15%、钾低于 1.4%。

3. 与免疫功能有关的产后综合征原因的分析及对策

（1）胎衣不下。平均有 8%～10%的奶牛在产后 24h 内有全部或部分胎衣不下的情况，我们都知道胎衣不下会引起胎膜不下、子宫复位延迟和子宫炎的发生，子宫炎就是子宫感染发炎。

对于健康的牛，产后免疫系统会分泌一些特殊的细胞作用胎盘使其排出。产犊时由于体内激素的变化及随初乳排出大量的抗体，奶牛的免疫系统自然会受到影响。通过营养提高免疫功能可以有效地控制胎衣不下及子宫炎。

维持肌肉的功能和以一定水平蛋白维持体内肌肉的贮存（刚停奶牛 12%～13%的粗蛋白水平，产前三周 14%～15%的粗蛋白水平），生产时奶牛需要一定的子宫收缩力。研究表明在干奶期饲喂较高水平的蛋白可以有效减少胎衣不下。产褥热会影响奶牛肌肉的收缩力。

肥胖的牛（体况评分大于 3.75）更容易患胎衣不下，这有可能由于在产前一周它不像偏瘦的牛有较好的采食状况，又有可能由于肥胖的牛有更多的与胎衣不下有关的生产问题。怀双胎的奶牛也容易出现胎衣不下。体况没有达到标准的青年牛（小于 612kg）第一次产犊时也容易出现胎衣不下，特别是体尺不够的产犊牛。产犊时使用一些催产药物，也易发生胎衣不下。

（2）应激。尽量避免应激，如果奶牛处于应激状态，它会释放一种皮质醇的激素，会抑制免疫系统的功能。奶牛感到不舒服或有健康问题就会处于应激状态。

二、奶牛蹄病原因及防控

牛属于大型哺乳类恒温动物，由五指（趾）动物进化而来，其中的3、4指（趾）为功能指（趾），2、5指（趾）为悬蹄，第一指（趾）已完全退化。第3指（趾）为内侧指（趾），第4指（趾）为外侧指（趾）。

牛的蹄壳分为三层，最外面一层富有光泽，称釉质，或称蹄漆层，中间层叫色素层（或冠状层），内层为角小叶层。每个蹄子的小叶有1 300多个，它们和真皮小叶互相镶嵌，使蹄壳和蹄的内部组织牢固结合，这种结构极大地减轻了蹄与地面碰撞所产生的压力。蹄壳非常结实，其化学成分是角蛋白，这种蛋白质性质稳定，不易分解，这是蹄质坚实的生理基础。

奶牛蹄病具有特异性，高产奶牛的发病率高于中低产奶牛，后蹄的发病率相对高于前蹄，高温、雨季发病率高，发病后淘汰率高。

（一）蹄病发生的原因

1. 营养因素

日粮蛋白质水平决定着蹄甲的生长速度，低蛋白质水平降低了生长速度，过高时，蛋白质代谢的有毒副产物对蹄部微细血管的通透性产生影响，增加蹄病发生率。蹄甲角蛋白是蹄部和其他皮肤衍生物中最重要的一类蛋白质，胱氨酸含量占角蛋白的14%~15%，胱氨酸为含硫氨基酸，硫为瘤胃细菌所需要以合成含硫氨基酸，因此，日粮中的硫的水平或含硫氨基酸成为影响蹄壳生长速度和硬度的重要因子。

钙、磷比例失调或缺乏是奶牛肢蹄病发生的主要原因之一。当机体钙、磷的绝对量不足及其比例不恰当时，奶牛为了维持血液中钙、磷正常水平，就会动用骨骼中储存的钙、磷，导致

奶牛骨质疏松、蹄部角质软化和蹄形态的改变，而发生肢蹄病。

铜能参与血红蛋白中卟啉的形成，提供胶原来维持成骨细胞的功能。奶牛日粮中缺乏铜有可能引起蹄裂、蹄底溃疡和蹄底脓肿。锌通过参与角蛋白的合成维持蹄子生长和蹄质的质地，也是维持上皮形态的完整性促使蹄子伤口愈合所必需。日粮缺乏时引起含铜和锌的酶活性减弱，引起蹄部骨骼异常变形和骨质疏松、蹄部创伤愈合困难等。日粮中适宜水平的硒可提高机体免疫机能，有助于减少蹄病发生，高水平的硒将导致硒中毒，出现跛行、蹄部毛发脱落。

维生素 A 能促进上皮组织的发育，对维持蹄甲的完整性具有重要影响；维生素 E 具有增强免疫系统功能的作用，若奶牛缺乏维生素 A 和维生素 E，能导致奶牛跛行；生物素参与表皮细胞的分化、角蛋白和细胞黏合剂的生成，生物素作用机制是加强蹄子白线中的细胞外黏合剂功能，减少白线病的发生。

奶牛日粮中精粗比长期偏高时，母牛过于肥胖，引发产后综合征，可致使蹄病增加。

奶牛的饲草和精料补充料加工过细、精粗比过大时，日粮在瘤胃内迅速降解，产生乳酸，使瘤胃内的 pH 值迅速降低，瘤胃内的革兰氏阴性菌大量死亡，释放大量的内毒素，产生组胺并作用于蹄部真皮组织上的毛细血管，使蹄小叶的血管的收缩和扩张受到影响，引起蹄叶炎。此外，日粮结构突变，也会引起瘤胃消化功能降低，通过增加乳酸产量引起蹄叶炎。

2. 圈舍因素

奶牛蹄甲每月生长 5.0~6.4mm，但在现代集约化管理条件下，运动场及牛舍的载畜量很大，奶牛活动范围小，运动量不足，蹄角质得不到应有的磨损，角质生长旺盛，发生变形，使负重不均匀，这样就增加了蹄病的发病率。

圈舍阴暗潮湿、排水不利时，多雨季节奶牛蹄子被长期浸泡，角质层变软，长期处于湿度较大的环境中，蹄壳角蛋白中的胱氨酸、多肽链可因水解酶的作用，使二硫键被打开而分解成半胱氨酸，形成粉蹄；圈舍尤其是运动场中有些尖锐异物，如炉渣、石块、尖锐金属物，会造成蹄底面的损伤，引起腐蹄病。

圈舍、运动场的地面硬度大，如水泥地面等，由于来自地面的反弹力增加，会加重蹄叶炎、腐蹄病等的症状。

3. 管理因素

长期不修蹄或不及时修蹄，蹄甲异常生长，出现蹄甲过长、蹄底不平而出现蹄的变形，蹄子负重不均匀而患病；圈舍和运动场不消毒、不清扫，致使传染病、寄生虫病流行和传播，如口蹄疫病等常常会引起蹄病；蹄子比牛体的任何部位接触病原体的几率和浓度都高。奶牛的后蹄易受粪便、生殖道排泄物（分泌物、胎衣及其碎片等）、牛奶等的污染，使其受各种感染的几率增加。

4. 遗传因素

不同种公牛的后代蹄病发病率不一。

5. 其他因素

日粮结构突变，也会引起瘤胃消化功能降低，通过增加乳酸产量引起蹄叶炎；如果以上因素和热应激结合在一起，抵抗力明显下降，多因素交织在一起，易发生蹄病。

（二）蹄病带来的危害

蹄病带来的损失主要来自三方面：其一是产奶量下降，一般为10%以上。其二是过早淘汰，缩短了奶牛的利用年限，使饲养成本增加。其三是增加了额外的医疗费用。

（三）蹄的保健

1. 修蹄目的

修蹄子有两大目标：第一是使蹄子在行走和站立时维持最佳构造，其次是及时发现从而避免形成严重的蹄疾。很多牛场

当发现急需修剪的时候，才请来修蹄工或兽医来治疗，此时许多牛已经降低了它们的性能，并且毫无用处。每年两次修蹄比一次修蹄少67%的瘸病和57%的蹄底溃疡。

2. 修蹄程序

（1）保定。需要专用保定的器械，首先把头部保定，然后把奶牛随翻转台转动，固定四蹄。将预修蹄后方转位，固定。

（2）清洗和刷拭蹄部，去掉污物。

（3）用修蹄机、蹄铲、蹄刀等把多余的角质去掉，使蹄子恢复到正常的形状、大小和角度。

用蹄钳剪去多余的、角质过长的蹄壁角质，剪出接近正常蹄子的形状（后蹄蹄前壁长7.5~8.5cm，前蹄趾长8.0~9.0cm）；用电动角磨机或修蹄刀把蹄底（蹄底厚度为5.0~7.0mm）修平、修光滑，使两趾均匀负重，但不能过度削切；用直形或L形蹄刀把趾间纤维瘤从基部切除干净；用蹄铲修整蹄球部和趾尖部，但不可过削，蹄壁与地面角度为前蹄是50°，后蹄是50°~53°，不能损害到“白线”。

3. 蹄浴的方法

（1）蹄浴池建设。在距离奶厅出口40m处设洗蹄池，然后过80~100cm长垫子，把蹄子多余水分吸干，接着设10m长、80~120cm宽（或者与过道同宽）、15cm深蹄浴池，里面充8cm深蹄浴溶液。

（2）蹄浴液的配制。用硫酸铜配制成4%的溶液。

（3）蹄浴方法。依据季节、蹄子健康状况每月2~4次，每次连续2d药浴。

（四）牛蹄卫生保健规程

1. 科学选址与修建

奶牛场场址应选择在地势高、干燥、排水良好的地方，这是保证奶牛大环境干燥、减少蹄病发生的基础；奶牛的运动场面积应达到规定的最低值，才能使蹄甲得到正常的磨损，土质运动场能极大减少对蹄子的反弹力，对保护和维持蹄子的缓冲功能至关重要，而水泥或混凝土的运动场除不能有效减缓反弹力外，其透水、排气和吸热性能都不及泥土，会加重蹄病发生，运动场排水功能好时能及时有效排出污水，保持运动场的干燥，合理的运动场能使奶牛的躺卧、休息和反刍时间得到保证；一些自由牛床设计不科学，如起卧空间、起卧的缓冲空间和垫料不足，自由牛床过高，分隔栏管过多等。

2. 提供全价配合饲料是减少蹄病的物质条件

营养物质是使蹄子保持正常生长速率和使蹄壳保持正常硬度的物质条件，从而奠定蹄子健康的基础。蹄子正常生长所需要的营养物质主要有含硫氨基酸如蛋氨酸和胱氨酸、一些脂肪酸、生物素、钙、铜和锌等。因此，对于高产奶牛，要注意补充必需氨基酸，对于一般奶牛更要注意保持日粮合适的氮硫比，以使瘤胃微生物能合成正常数量的含硫氨基酸，生物素在生产实践中往往被忽视，凡是蹄病发生率较多的牛场、地区等，更应注意添加生物素，添加剂预混料一般都包含生物素、铜和锌等物质，许多微量元素使用硫酸盐，可同时补充硫，因此，通过使用添加剂预混料，基本可达到完善日粮营养物质的目的。

3. 管理预防措施

蹄子是重要的运动器官，和其他器官一样，有其共同的和独特的生长发育规律，因此，有些蹄病是不可避免的，建立并实行行之有效的蹄的保健程序能极大地减少蹄子疾病的发生率，同样可降低对生产性能的影响，这些措施包括注意牛体和环境卫生、修蹄、蹄浴和护蹄。

搞好环境卫生，保持运动场和奶牛舍的清洁、干燥对预防蹄病非常重要。应及时清除粪便及其他污物，避免用水泥等硬化运动场和用炉渣等铺垫运动场。

4. 加强选种和育种工作

在生产实践中，奶牛场可通过淘汰有明显肢蹄缺陷，特别是淘汰那些蹄变形严重、经常发生蹄病的奶牛及其后代，可以使牛群的肢蹄状况大大地得到改善。育种工作者则要尤其注意种公牛的选择。

第六章 实用奶牛繁殖技术

奶牛泌乳的首要条件是分娩，分娩的先决条件是发情排卵、输精和妊娠。因此，正常的繁殖不仅是增加牛群数量的前提，也是提高奶牛泌乳量的先决条件，同时也可以降低生产、管理成本。繁殖力的高低决定了牛奶产量和质量，决定着饲养成本的高低，决定着育种效果和效率，进而也决定了奶牛养殖的经济效益。在繁殖力较低的牛群中，空怀母牛在能繁母牛群的比例偏高，参与泌乳的奶牛比例较低，消耗了较多的日粮，影响了泌乳量，由于治疗不孕不育，增加了医药费和技术人员工作量，并可能造成在牛奶中的药物残留而影响牛奶质量等，因此，提高奶牛繁殖力的作用是不言而喻的。

提高繁殖力是实施奶牛精准饲养的最大前提，如果奶牛空怀期延长甚至不孕不育，养分供给与实际需要脱离，奶牛可能出现肥胖，体况评分偏高而出现产后综合征，不仅增加了医药费和技术人员工作量，影响了牛群的产奶量和质量，甚至发生疾病和引起奶牛死亡，因此，繁殖是影响全局的重要环节。

第一节 牛的性成熟与发情

一、初情期、性成熟、适配年龄与体成熟

母牛生长发育到一定时期，生殖器官基本发育完全，第二性征开始表现，就会出现第一次发情，称为初情期，即从出生至出现排卵和正常发情周期的间隔时间。初情期后，母牛

生殖器官的生长发育明显加快并基本完成，具备了繁殖能力，生殖机能相对成熟，出现完整的、正常的发情周期，即进入性成熟期。当母牛骨骼、肌肉和内脏各器官已基本发育完成，而且具备了成年牛固有的形态和结构，就进入了体成熟期。初情期和性成熟期出现的早晚是繁殖力高低的指标之一。母牛的初情期一般为6~12月龄，性成熟月龄比初情期推迟2个月左右，牛的体成熟期一般为5周岁。在整个个体的生长发育过程中，体成熟期要比性成熟期晚得多。

母牛刚性成熟后，并不意味着就能妊娠和分娩。这是因为母牛还处于生长发育比较迅速的阶段，若过早交配繁殖，不仅会影响母牛本身的正常发育和生产性能，还会影响到幼犊的健康。但是，若母牛第一次配种时间过晚，必然会影响终生产犊头数，缩短有效的泌乳天数，增加后备母牛培育的成本，造成一定的经济损失。

母牛的适配年龄（初配年龄），主要决定于个体发育程度，一般应以体重为标准。实践已经证明，后备母牛的体重达到该品种成年母牛体重的70%左右，进行第一次配种较为适宜。中国荷斯坦母牛的标准体重为550~600kg，这样的体重大约为380~420kg，娟姗牛为228kg。由于地区和类型的差异，达到这样的体重，饲养条件较好的中国荷斯坦母牛约为14月龄，饲养差的约为18月龄以上。初配月龄大致为14~18月龄。

母牛初情期、性成熟和初配的年龄同时还与品种、营养、气候环境等因素有关。一般来说，小型品种达到初情期、性成熟和初配的年龄较大体型品种牛为早。例如娟姗牛的平均初情期为10月龄，荷斯坦牛为13月龄。

初情期、性成熟和初配的年龄同时也受营养和环境的影响。母牛的体重直接影响初情期、性成熟和初配的年龄，良好的饲养管理条件可大大促进牛的生长和增重。

另外，热带饲养的牛达到初情期、性成熟和初配的年龄较寒带或温带的早。

二、发情与发情周期

（一）发情与发情周期概念

母牛到达一定年龄时，受下丘脑—脑垂体—卵巢轴调控，引起卵巢上卵泡周期性发育的现象叫发情。

母牛到了初情期后，生殖器官发生一系列形态和机能的变化，这种变化周而复始（怀孕母牛除外）一直到繁殖机能停止期，这种周期性的性活动过程称为发情周期，从前一次发情开始所间隔的时期称为一个发情周期，牛的发情周期平均为21d，范围为17～24d。

（二）发情周期的划分

1. 四分法

根据母牛在发情周期中精神状态、性行为表现及生殖器官的周期性变化，可将发情周期分为以下四个时期（图6-1）。

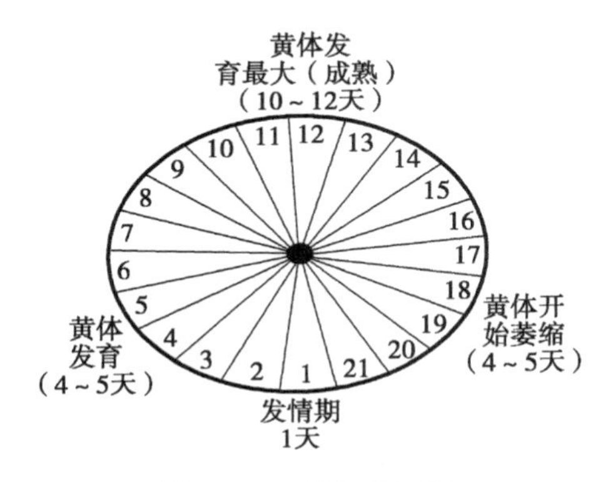

图6-1　正常发情周期

（1）发情期（发情持续期）。指母牛从发情开始到发情结束的时期，也是发情持续期。此期较短，平均18（6～25）h。

此期卵巢内卵泡迅速发育，雌激素分泌逐渐增加并达到最高峰，在雌激素的强烈刺激下，使生殖道和外阴部充血肿胀，黏膜增厚，腺体分泌物增多，子宫颈开放，流出大量黏液，母畜性欲和性兴奋进入高潮，接受公牛或其他母牛爬跨。

（2）发情后期。这段时间约3~4d，此期是排卵后黄体开始形成的阶段，母牛由性激动逐渐转入平静状态，不再有发情表现，其生殖道的充血逐渐消退，蠕动减弱，子宫颈口封闭，拒绝爬跨。血液中雌激素含量降低，孕酮的分泌逐渐增加。此期内约有90%育成母牛和50%成年母牛从阴道流出少量的血。

（3）休情期（间情期）。是发情后期至下一次发情前期的一段时间，这一段时间最长，是发情结束后的相对生理静止时期，约为12~15d。黄体由逐渐发育转为略有萎缩，孕酮的分泌由增长到逐渐下降，子宫黏膜增厚，子宫腺增生肥大而弯曲，分泌加强，产生子宫乳，如果卵母细胞受精，这一阶段将延续下去，如果未受精，则黄体退化，作用消失，卵巢内又有新的卵泡开始生长发育。

（4）发情前期。发情前期是下次发情的准备阶段，此期持续约1~3d。卵巢上的黄体进一步退化，卵巢中新的卵泡开始发育增大；雌激素分泌增加，刺激生殖道，使子宫及阴道黏膜增生和充血，子宫颈稍开放，出现性兴奋，但不接受爬跨。

四分法侧重于母牛发情的外在表现和内部生理变化的结合，有利于生产管理中的发情鉴定与适时配种。

2. 二分法

根据卵巢上卵泡发育、排卵和黄体形成情况，将发情周期划分为卵泡期和黄体期。卵泡期是从卵泡开始发育成熟、破裂并排卵的时期，占整个发情周期的1/3，与四分法比较相当于发情前期至发情后期阶段；黄体期是黄体开始形成至消失的时期，占发情周期的2/3，相当于四分法中休情期的大部分。

该方法侧重于卵泡发育和黄体的形成，适合于探索卵泡发育与超数排卵等生物技术的研究。

第二节　奶牛发情鉴定技术

发情鉴定是奶牛繁殖工作中的一个重要技术环节，准确鉴定母牛发情是提高受配率、受胎率和繁殖率的关键。通过发情鉴定，可以判断母牛发情是否正常、母牛处于发情周期的哪个阶段，也是确定最适宜的配种时间的基础。

一、发情鉴定方法

鉴定母牛发情的方法有外表观察法、试情牛鉴定发情法、直肠检查法、阴道检查法、超声波诊断仪等，但在生产上应用最多的是外表观察法外加直肠检查法。

（一）外表观察法

外表观察法是通过感官发现发情母牛的方法。发情母牛的发情征状包括发情母牛外表兴奋、举动不安；尤其在舍内表现得更为明显，经常哞叫，眼光锐利，感应刺激性提高，岔开后腿，频频排尿，食欲减退，反刍的时间减少或停止。在运动场或放牧时，常常三两结对活动，其他牛在发情牛后面嗅发情牛的阴唇，互相爬跨，因此，发情母牛的背腰和尻部有被爬跨所留下的泥土、唾液，有时被毛弄得蓬松不整，特别是尾巴根部被毛直立。被爬跨的牛如发情，则站着不动，并举尾，如果爬跨的时间持续 6s 以上不动，则认为是发情牛，如不是发情牛则拱背逃走。发情牛爬跨其他牛时，阴门搐动并滴尿，具有公牛交配的动作。发情牛外阴部肿大充血，流出清澈的黏液，随风飘荡，因而在尾上端阴门附近可以看出黏液分泌物的结痂。发情强烈的母牛，体温略有升高（升高 0.7~1℃），一般牛特别是高产乳牛泌乳量略有下降。

（二）直肠检查法

一般正常发情的母牛外部表现明显，排卵有一定规律。但由于个体间的差异，不同的发情母牛排卵时间可能提前或延迟。为了正确确定母牛发情时子宫和卵巢的变化，在外表观察法基础上，还需对个别特殊的母牛进行直肠检查。

操作方法如下：首先将被检母牛进行安全保定，一般可在保定架内进行，以确保人畜安全，如果应用颈枷控制牛群时，可直接在牛舍进行直检。检查者要把指甲剪短磨光，戴上一次性长臂塑料专用手套，涂上润滑剂，液体石蜡是常用的润滑剂，没有润滑剂也可用清洁的水代替，但要注意不能用碱性肥皂代替润滑剂。首先把牛尾限制，以控制尾巴任意摆动而干扰直检过程，其次用一只手先抚摸肛门，然后将五指并拢成锥状，以缓慢的旋转动作伸入肛门，掏出粪便，再将手伸入肛门，手掌展平，掌心向下，按压抚摸，在骨盆腔底部，可摸到一个长圆形质地较硬的棒状物，即为子宫颈。再向前摸，在正前方向可摸到一个浅沟，即为角间沟。沟的两旁为向前下弯曲的两个子宫角，沿着子宫角大弯向下稍向外侧，可摸到卵巢。用手指检查子宫形状、粗细、大小、反应以及卵巢上卵泡的发育情况来判断母牛是否发情。

发情母牛子宫颈稍大，较软，由于子宫黏膜水肿，子宫角也增大，子宫收缩反应比较明显，子宫角坚实。不发情的母牛，子宫颈细而硬，而子宫角较松弛，触摸不那么明显，收缩反应差。

大型成年母牛的卵巢长约 3.5~4.0cm，宽 1.5~2.0cm，厚 2.0~2.5cm。卵巢中的卵泡形状光而圆，发情最大时的直径可以达到 2.0~2.5cm。发情初期卵泡直径为 1.2~1.5cm，其表面突出光滑，触摸时略有波动。在排卵前 6~12h，由于卵泡液的增加，卵泡紧张度增加，卵巢体积也有所增大。到卵泡破裂前，其质地柔软，波动明显，排卵后，原卵泡处有不光滑的小凹陷，以后就形成黄体。

直肠检查法准确，简单实用，不受牛舍现场条件限制（如电源、光源所限制），除能进行发情鉴定外，也是进行直肠把握子宫颈人工授精法的基础，还能鉴别妊娠月龄、胚胎是否成活等，是一般奶牛场进一步进行发情鉴定的首选方法，其缺点是操作人员长期过劳会引起职业病—肩周炎，这是因为在冬季直肠内外温差过大和操作时间过长引起，另外，如果不戴手套可能会被感染布氏杆菌病等人畜共患病。

（三）超声波仪法

利用一定功率探头的超声波仪，将探头通过阴道壁接触卵巢上的黄体或卵泡时，由于探头接收不同的反射波，在显示屏上显示出黄体或卵泡的图像，可根据卵泡直径的大小确定发情阶段。其优点是准确可靠，避免职业病的发生，生物安全性较高，缺点是操作复杂、成本高，但会逐渐代替直肠检查法。

（四）发情鉴定辅助法

1. 计步器

发情奶牛由于性兴奋而追赶和爬跨其他母牛（图 6-2），导致运动量增加。计步器是佩戴于牛颈部的微型仪器，通过记录奶牛的行走步伐数，并结合电脑管理软件估测出奶牛是否发情，然后寻找到该牛，结合外表观察法进行发情鉴定。

2. 发情鉴定笔

是一种类似于蜡笔的颜料笔，每天定时涂抹于牛场所有能繁母牛的尾根部，当该牛接受其他牛爬跨时掉色，所以发现尾根部掉色的母牛疑为发情牛，再进一步结合外表观察法进行发情鉴定。

3. 压力感应爬跨检测器

当母牛接受爬跨时，检测器显示接受爬跨的时间，根据该

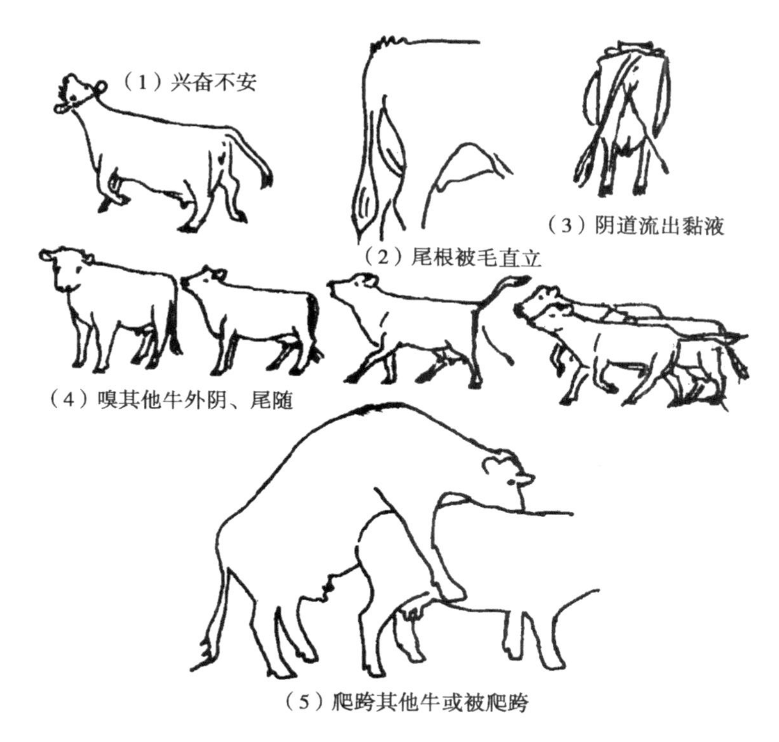

图 6-2　母牛发情症状（黄应翔，1998）

时间决定输精的时间。

4. 试情公牛

利用结扎输精管或切除阴茎的公牛放到母牛群中，并在该牛的下颚部牢固地安装半圆形的不锈钢打印装置，下端装一自由滚动的圆珠，一般被公牛尾随的母牛或接受公牛爬跨的母牛都是发情母牛。当公牛爬跨发情母牛时，即将颜料打印在发情母牛身上。但结扎输精管的公牛仍能将阴茎插入母牛阴道，容易传染生殖道疾病。为减少结扎输精管或阴茎外科手术的麻烦，可选择特别爱爬跨的母牛代替公牛，效果较好。

二、发情鉴定注意事项

(1) 任何发情鉴定辅助方法都不能代替外表观察法和直肠检查法。外表观察法 6~8h 一次，2~3h 最好，生产条件下的直肠检查法是确定发情较好的方法。

(2) 发情鉴定需要建立标准的操作程序，即固定观察发情时间与频率，观察地点，有哪些征兆，观察结果并记录。

(3) 充分利用发情鉴定和输精的记录结果进行发情鉴定，因为本次输精没有妊娠情况下，一般 21d 后出现再一次发情。

(4) 肢蹄疾病、湿滑的地面是影响牛爬跨的最重要的因素，要积极介入和治疗肢蹄疾病，牛群活动频繁的运动场的空间要充足，地面需做防滑处理。

第三节　奶牛的人工输精技术

一、母牛最适宜输精时机

(一) 处于正常发情周期中的适宜输精时机

牛的发情持续期为 18h 左右，初配牛为 15h，发情结束后 10~14h 排卵，精子和卵子受精部位在输卵管壶腹部，卵子从卵巢排出经输卵管伞到壶腹部需 3~6h，卵子排出后维持受精能力的时间为 6~10h。精子从子宫颈到达输卵管前 1/3 处需 12~13min，精子具有受精能力时间为 15~56h，显然精子维持受精能力时间比卵子长，应由精子等待卵子受精最佳，故应在发情后期到发情结束后 3~4h 前输精最佳。

在生产实践中，准确寻找发情开始或终止是难以做到的，但发情高潮最易观察到，可在发情高潮以后和拒绝爬跨之前第一次输精，在母牛发情终止后约 3~4h 第二次输精，即母牛外

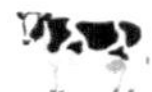

阴部肿胀已消失，出现皱褶，拒绝爬跨，直肠检查子宫颈外口已开始收缩，内口还松软，未收缩之时。也可考虑早上发情（被爬跨不动）下午配，第二天上午再复配一次。若下午发情则第二天早上配，下午再复配一次。

（二）产后母牛的适宜输精时机

保证一年一胎是最理想的选择，即产后 85d 左右受胎。因为：

第一，产犊过程使母牛消耗大量体能，过早配种不利于体能的恢复。

第二，母牛产后需要有一段生殖系统生理恢复的过程，而主要是要让子宫有一段恢复时间，子宫要恢复到受孕前的大小和位置，这种复原约需 12~56d，经产母牛、难产母牛或有产科疾病的母牛，其子宫复原的时间要长。

第三，在产奶高峰到来前配种，会加剧产后能量的负平衡。

第四，过早配种会造成干乳期时间缩短，产后疾病频发，且强制干乳引发乳房炎。

从母牛产犊到产后第一次发情的间隔时间为 30~72d。间隔时间的长短与个体、饲料、营养、生产性能、气候、母牛体质等多种因素有关。生产性能高，则间隔时间长，营养差、体质弱的母牛，其间隔的时间也较长。如营养状况好的和营养差的荷斯坦奶牛，产后第一次发情的间隔天数平均分别为 54. 1d 和 75. 6d。

从保护母牛生殖系统看，一般应在分娩后 60d 以后；从提高受胎率角度看，应在产后第二个发情周期或第三个发情周期配种；从达到一年一胎的目标看，产后 60d 第一次配种，81d 左右第二次配种，能达到上述各个方面要求。

二、种公牛的冷冻精液的选择

冷冻精液人工授精是目前使用最广泛、最实用、对奶牛养殖业影响最大的实用技术。

冷冻精液是利用液态氮或干冰作为冷源（这一低温范围称超低温），将经过特殊处理后的精液冷冻，保存在超低温下以达到长期保存的目的。冷冻精液的实施是人工授精技术的一项重大革新。

对于奶牛场来说，提高产奶量、牛奶品质和使固定资产增值，是提高牛场现实和长远经济效益的手段。什么是奶牛场最重要的固定资产呢？奶牛场的固定资产既不是牛舍也不是奶厅等牛场建筑，因为这些建筑在使用多年后总是要逐年折旧抵尽的，应该是所占土地和牛群，土地不仅有本身的价值，而且可能还会增值，那是可以看得见的，而最重要的固定资产是牛群。奶牛群遗传品质的不断提高和扩群是使奶牛群固定资产增值的具体表现。如何才能提高奶牛群的遗传品质呢？答案是正确选择种公牛的冷冻精液。

我国国内种公牛站所生产的冻精，其种公牛一般都是从发达国家通过活体引进，或者通过购买国外高育种质胚胎自行生产，这些种公牛都是世界名牛后代，如黑星、空中之星、鲁道夫、荷兰小子、格兰特、杰克豹等，这些种公牛有的经过后裔测定，有的没有，经过后裔测定的种公牛有时叫验证公牛，否则叫未验证公牛。由于未验证公牛对遗传性状的遗传改良性能难以准确定量，只能通过追查其父亲的性能表现大概判断名牛的孙女们的生产性能，一般不建议选择。最好选择验证公牛的精液，根据验证公牛的总育种值、奶量、乳脂率、乳蛋白率、体细胞评分、产奶寿命等综合评定结果作选择，同时还要避免高近交关系造成的危害，这样不仅可以迅速提高牛群的遗传品质，而且也是最经济有效的途径。不过，尽管种公牛的冷冻精液作用很大，但发挥显著效益的时间在 3 年以后，而且是累加的。

三、人工输精操作

（一）人工输精器械的清洗消毒

首先将有关器械放在加有适量洗洁剂的70℃热水中清洗干净，如果器械污染较重的则需要在重铬酸钾—硫酸洗液中（重铬酸钾40g，蒸馏水300ml，浓硫酸460ml）浸泡24h，然后用清水冲洗数次，最后用蒸馏水冲洗后，置于干燥箱中烘干，而后放在紫外线灯光下消毒0.5h。

（二）冷冻精液解冻

如果使用的是细管冷冻精液，把液氮罐中装细管精液的提桶提到液氮罐口，用镊子迅速夹出细管精液，立即把提桶沉回液氮中（图6-3）。把细管精液立即投入洁净的35~40℃水中，待管的颜色一变就马上取出。

图6-3　从液氮罐取细管冷冻精液

如果为颗粒冷冻精液，取2.9%柠檬酸钠解冻液装入灭菌的试管内，置于35~40℃温水中预热，再投入1颗冷冻精液，摇动至融化。

（三）直肠把握子宫颈输精技术

（1）取出解冻的细管，用75%酒精消毒，剪去细管剪口端，装入专用输精枪中待输精。

（2）装有精液的输精枪在输精前（前往牛舍或输精室过程中）须避光、防尘和保温保存（图 6-4）。

图 6-4　输精枪避光、防尘和保温保护

（3）把母牛保定好之后（可在六柱栏中），或直接在牛舍中，由助手徒手保定。

（4）事先把左手指甲剪短并磨光，戴好一次性塑料手套，上面涂抹润滑剂或洒上些水，侧面站在牛体后面，先用手抚摸肛门，五指并拢成锥状（四指把大拇指包围），右手抓住尾巴，左手一边旋转，一边加压力，以缓慢旋转的动作进入直肠内。

（5）在伸进直肠的过程中，如果遇到努责，不能强行伸入，可通过左手轻轻拍打母牛臀部转移牛的注意力再进行，并随牛的摆动而摆动。

（6）把直肠粪便掏净，然后用洁净的水洗去阴门外粪便，也可用一次性纸巾清除。

（7）用手腕连同手掌轻压直肠，使阴唇张开，用右手持输精器以 30°角度（与水平面）通过阴唇插入阴道，直到输精枪尖顶住阴道上壁后，使输精枪水平，伸向子宫颈口后暂停。

（8）左手掌心向下，展开五指，轻轻向前伸展并向下按摸，当找到类似“鸡脖子”状软骨时，即是子宫颈。

(9) 拇指和其他四指分开，轻轻把握住子宫颈后端（子宫颈阴道部），使子宫颈后端左右侧阴道壁与子宫颈阴道部紧贴，以免输精管误插到阴道穹窿。

(10) 两手配合，引导输精管插入子宫颈口，左手稍延伸，把住子宫颈中部，两手配合，使输精管越过数个皱壁轮在子宫颈2/3～3/4处把精液输入。

(11) 约6s把精液注入子宫颈，左手按摩子宫颈后，然后轻快地抽回输精管，输精完毕。这种输精方法就是直肠把握（子宫颈）法。

(12) 把输精枪中的残留精液置于载玻片上，在显微镜下观察精液的活率等，当发现精液不合格时，须及时补输，重复以上操作，直至合格为止。

（四）输精时应注意以下事项

每一头待输精的牛应准备一支输精管，禁止用未消毒的输精管连续给几头母牛输精；输精管应加热到和精液同样的温度；吸取精液后要防尘、保温、防日光照射，可用消毒纱布包裹或消毒塑料管套住，插入工作衣内或衣服夹层内保护；输精母牛暴跳不安，有反抗行为时，可通过刷拭、拍打尻部、背腰等安抚，不能鞭打或粗暴对待，强行输精；输精员的操作应和母牛体躯摆动相配合，以免输精管断裂及损伤阴道和子宫内膜；寻找输精部位时，严防将子宫颈后拉，或将输精管用力乱捅，以免引起子宫颈出血；少数胎次较高的母牛有子宫下沉现象时，允许将子宫颈上提至输精管水平，输精后再放下去；青年牛的子宫颈较细，不易寻找，输精管也不宜插入子宫颈太深，但要增加输精量；及时发现和治疗生殖道疾病，以免延迟治疗造成严重后果。

四、子宫深部输精

子宫深部输精被认为是一种改良的人工输精方法和技术，

就是在金属输精枪的前端有隐藏于其中的软管，然后把精液直接放置于排卵卵巢侧的壶峡接合部附近。

（一）理论与商业可行性

传统的人工输精是把精子输到子宫颈或子宫体部，在子宫颈腺窝的黏膜皱褶内暂时贮存，形成在雌性生殖道内的第一贮库，随子宫颈的收缩被送入下一个腺窝或进入子宫，进入子宫后，大部分精子进入子宫内膜腺体隐窝，这是精子在雌性生殖道内形成的第二贮库，在子宫肌和输卵管系膜收缩、子宫液的流动以及精子本身运动作用下通过宫管结合部，借助输卵管黏膜和系膜的收缩以及液体的流动继续前行，在输卵管峡部需摆脱高黏度黏液的作用，即精子需要分别摆脱子宫颈腺窝、子宫内膜腺和宫管结合部、壶峡连接部三道屏障才能到达受精部位，如果卵子的生命力旺盛，防御系统健全，可防止多精子入卵，最终和卵子结合形成受精卵，这是理论可行性。

（二）优点与缺点

深部输精由于可以有效避开子宫颈腺窝、宫管结合部这两个栏筛，部分减少输卵管峡部高黏度黏液对精子的附着作用，可以有效提高精子的受精能力，因此，可以提高遗传价值高但繁殖力较低或少精的种公牛的生育能力，减少每次授精剂量的精子数量，特别是与性控精液结合使用可以有效利用有限的性别选择精子细胞。

任何事情都具有正反两个方面，深部输精也有缺点，主要有需要额外进行直肠检查，以确定排卵侧；如果疏忽，可能引起子宫壁的损伤，甚至造成穿孔；理论上存在多精子受精的风险；对非临床合格的授精者进行技术方面的专门培训；额外增加隐藏的输精软管等。

第四节　妊娠及分娩

一、妊娠及预产期的推算

妊娠是母牛的特殊生理状态，是由受精卵开始，经过发育一直到成熟胎儿产出为止，所经历的这段时间称为妊娠期。奶牛的妊娠期平均为 282（276～290）d。妊娠期的长短受品种、个体、年龄、季节以及饲养管理条件等多种因素的影响。一般早熟品种比晚熟品种短，怀母犊比怀公犊少 1d 左右，怀双胎比怀单胎少 3～7d，育成母牛的妊娠期比成母牛短 1d 左右，夏秋分娩的比冬春分娩的平均短 3d。

母牛经检查判定妊娠后，为了做好生产安排和分娩前的准备工作，必须精确地算出母牛的预产期。母牛预产期的推算方法，有查表法和公式推算法等。用公式推算法一般是将配种月份减 3（不够减时则先加 12）或加 9，日数加 6，即得预计的分娩日期。

例 1：某牛 2018 年 7 月 22 日配种，则其预产期为 7－3＝4（月），22+6＝28（日），即 2019 年 4 月 28 日产犊。

例 2：某牛 2018 年 1 月 30 日配种，则其预产期推算如下：1+9＝10（月），30+6＝36（日），因 36 超过一个月的日数，则将日数减去 30，月份加 1，其预产期为 2018 年 11 月 6 日。

二、妊娠诊断

为了及时掌握母牛输精后妊娠与否，有必要定期进行妊娠检查，这对提高牛群繁殖率，减少空怀和降低饲养成本具有极为重要的意义。经过妊娠检查，对没有受胎的母牛，应及时继续进行配种；对已受胎的母牛，须加强饲养管理，做好保胎工作。

母牛妊娠后，外表和内部均发生一系列变化，外表如母牛不再发情、举止小心、膘情转好、腹围增大等，但妊娠诊断一般指根据内部变化的情况、特征进行的妊娠诊断。通常妊娠检查的方法有：直肠检查法、阴道检查法、孕酮水平测定法、子宫颈口黏液电泳法和超声波检查（B 超检查）。

直肠检查法是判断母牛是否怀孕最基本和较可靠的方法，在妊娠两个月左右，可以作出准确判断。它虽然有费体力及天冷时操作不便和可能遗留职业病的缺点，但由于其结果准确，所需条件设备简单，在整个妊娠期间均可应用，并可以判定怀孕的大致月份、是否为假发情和假怀孕、是否有生殖器官疾病以及胎儿的死活，故在生产上得到广泛的应用。另一种值得推荐和使用的方法是超声波检查，它比直肠检查法更安全和更准确，在妊娠 60d 还可以进行胎儿性别鉴定，但缺点是仪器成本高，会加大中小型牛场生产成本。

其他方法的缺点为：阴道检查法和子宫颈口黏液电泳法不安全，易引起流产；孕酮水平测定法不准确，都没有在生产上得到应用。

三、奶牛的分娩征兆

奶牛什么时间产犊首先要根据配种员记录的最后一次配种时间来推算预产期，根据预产期对即将产犊母牛做好接产和助产工作不仅有利于提高初生犊的成活率，同时还能有效保护母牛生殖道的健康。但不是所有牛都能按期产犊，提前或推后几天属于正常生理现象，因此，了解奶牛的分娩预兆就能赢得接产或助产的准备时间。

母牛临产前四周体温逐渐升高，在分娩前 7~8d 高达 39~39.5℃，但在分娩前 12~15h 体温又下降 0.4~1.2℃。母牛乳房在产前半个月到一个月左右迅速发育，并出现浮肿。分娩前 1~2 周荐坐韧带软化，产前 24~48h，荐坐韧带松弛，尾根两侧凹

陷，特别是经产母牛下陷更甚。在分娩前一周母牛的阴唇开始逐渐松弛，肿胀（为平时的2~6倍）皱纹逐渐展平。阴道黏膜潮红，黏液由浓稠变为稀薄。子宫颈肿胀松软，子宫塞溶化变成透明的黏液，由阴道流出，此现象多见于分娩前1~2d，在行动上母牛表现为行动困难，起立不安，尾高举，回顾腹部，常有排粪排尿动作，食欲减少或停止。此时应有专人看护，做好接产和助产的准备。

四、奶牛的分娩过程

母牛分娩的持续时间，从子宫颈开口到胎儿产出，平均为9h，这段时间内必须加强对母牛的护理。母牛的分娩过程可分为三个时期。

（一）开口期

此期母牛表现不安，喜欢在比较安静的地方，子宫颈管逐渐张开，且与阴道之间的界限消失。开始阵痛时（子宫收缩）比较微弱，时间短，间歇长，随着分娩过程的发展，阵痛加剧，间歇时间由长变短，腹部有轻微努责，使胎膜和胎水不断后移进入子宫颈管，有时部分进入产道。母牛开口期平均为2~6h（1~12h）。

（二）产出期

母牛兴奋不安，时卧时起，弓背努责。子宫颈口完全开放，由于胎儿进入产道的刺激，使子宫、腹壁与横膈膜发生强烈收缩，收缩时间长，间歇时间更短，经过多次努责，胎囊由阴门露出。在羊膜破裂后，胎儿前肢或唇部开始露出，再经强烈努责后，将胎儿排出。此期约0.5~3h，经产牛比初产牛短。如双胎则在产后20~120min排出第二个胎儿。

（三）胎衣排出期

胎儿排出后，子宫还在继续收缩，同时伴有轻微的努责，将胎衣排出。牛的母子胎盘粘连较紧密，在子宫收缩时胎盘处不易脱落，因此胎衣排出的时间较长，一般是 5~8h。最长不应超过 12h，否则按胎衣不下处理。

五、助产

（一）助产原则

母牛分娩是一种生理现象，自然产犊可以保障母牛生殖道正常生殖机能，因此应提倡自然分娩，助产的主要任务是护理初生犊，但在特殊情况下则需要助产。

母牛在分娩过程中的分娩动力是子宫肌和腹肌的强烈收缩，子宫肌的收缩叫阵缩，常引起母牛阵痛，这种收缩具有间歇性，即收缩是一阵一阵的，这对防止胎儿因子宫肌持续收缩缺乏氧气供给引起窒息是非常重要的，腹肌和膈肌的收缩叫做努责，是随意收缩和伴随阵缩进行，当处于开口期时，阵缩约每 15min 收缩一次，每次持续 20min 左右，之后，收缩频率、强度和持续时间逐渐增加，间歇时间逐渐缩短，直到每几分钟收缩一次，这是正常分娩的征兆，但如果持续一段时间没有产出犊牛，收缩频率、强度和持续时间又逐渐减少，间歇时间逐渐增加，这是需要助产的征兆之一。胎位不正、骨盆过窄等也需要助产。

一般情况下，下列母牛一般都要特别注意助产。

（1）头胎牛。

（2）骨盆部比较小的母牛。

（3）胎向中的纵尾向的母牛（倒生牛，即胎儿尾部先露出产道的）。

（4）没有运动场而全天拴系的母牛。

（5）特别肥胖的母牛。

（二）助产

要固定专人进行助产，产房内昼夜均有人值班。如发现母牛有分娩征状，助产者可用0.1%~0.2%高锰酸钾温水溶液或1%~2%煤酚皂溶液，洗涤外阴部和臀部附近，并用毛巾擦干，铺好清洁的垫草。助产者要穿工作服、剪指甲、准备好酒精、碘酒、镊子、药棉及产科绳子等。助产器械均应严格消毒，以防病菌带入子宫内，造成生殖系统疾病。牛的分娩正常时一般任其自然产出，必要时再进行助产。助产的方法详见围产期奶牛的饲养管理部分。

六、分娩后母牛的生殖器官护理

对母牛外阴部、尾根部进行消毒，保持周围环境清洁、干燥和每周消毒一次，防止产褥病的发生；检查胎衣的排出情况和完整程度，以便及时处理；产后两周通过直肠检查判断子宫恢复情况，即子宫大小和形状是否恢复到妊娠前的情况，如果发现炎症应及时治疗，以免影响产后发情和受胎；各种原因引起难产而实施过人工助产、胎衣不下或子宫内膜炎的牛是护理重点。

第五节　母牛繁殖力与提高繁殖力的措施

一、母牛繁殖力的考核指标

母牛繁殖力的指标主要如下。

1. 受配率

指一定时期内某地区或群体受配母牛数与所有适繁母牛数的百分比。可反映繁殖母牛的发情、配种及管理状况，一般在80%以上。受配率还有参配率、配种率、发情鉴定率等表述，与本指标有关或可间接反映受配率的指标还有初情期、性成熟期、初配日龄、空怀天数、产犊间隔等。

$$受配率（\%）=\frac{年内受配母牛数}{年内存栏适繁母牛数}\times 100$$

2. 受胎率

用来比较不同繁殖措施或不同畜群受胎能力的繁殖力指标。一般用情期受胎率和总受胎率表示。情期受胎率是指受胎母牛数与配种的情期数的百分比。总受胎率是指最终妊娠母牛数占配种母牛数的百分比，一般在95%以上。

$$情期受胎率（\%）=\frac{受胎母牛数}{配种的情期数}\times 100$$

$$总受胎率（\%）=\frac{年内总受孕母牛数}{年内配种母牛数}\times 100$$

与受胎率相关的表述指标还有配种指数或每次受胎的配种次数，是指使母牛受胎需要配种的情期数。

3. 产犊率

衡量繁殖力的综合指标，反映牛群增殖效率，本指标有多种表述：①指本年度内出生的犊牛数占上年度末成年母牛数的百分比；②产犊的母牛数占可繁母牛数的百分比；③产犊的母牛数占妊娠母牛数的百分比。一般在90%以上。

$$产犊率（\%）=\frac{本年度出生犊牛总数}{上年度末成年母牛数}\times 100$$

$$产犊率（\%）=\frac{本年度产犊的母牛数}{本年度可繁的母牛数}\times 100$$

$$产犊率（\%）=\frac{本年度产犊的母牛数}{本年度妊娠的母牛数}\times 100$$

4. 每次受孕（胎）的配种次数

与配种指数相同，和受胎率属于同一范畴，是指母牛受胎需要配种的情期数，即输精次数一般低于 1.6 次。在一个发情

周期内不论实行一次或 2 次输精（间隔 8～12h 再次输精），都算 1 次。

5. 平均产犊间隔

指母牛两次产犊所间隔的天数，反映不同牛群的繁殖效率。一般在 13 个月以下。

$$平均产犊间隔=\frac{总个体产犊间隔}{产犊母牛总数}$$

6. 繁殖障碍率

指有繁殖障碍的牛占应繁母牛头数的百分比，牛群中有繁殖障碍的个体不超过 10%。

7. 复情率

牛群中有 70%的个体在产后 60d 内出现发情。

为了深入理解上述指标的意义，举例如下：某奶牛场 2018 年存栏量 600 头，其中适繁母牛数 290 头，该年度有 286 头适繁母牛发情，但只有 279 头参与配种，直肠检查结果有 258 头妊娠，产下 249 头犊牛，其中有同性双胎 3 对，共配种 684 个情期，其受配率、总受胎率、情期受胎率、产犊率则分别为 96. 21%（279/290）、92. 47%（258/279）、37. 72%（258/684）、（1）85. 86%（2）84. 83%（3）95. 35%。

二、提高母牛繁殖力的措施

（一）提高母牛繁殖力的饲养管理措施

通过科学的饲养管理，使母牛处于最佳繁殖状态，采用综合措施，努力提高母牛的繁殖力，实现多产犊、多成活，获得更多更好的牛产品。

1. 加强公母牛的饲养管理

饲料的营养对母牛的发情、配种、受胎以及犊牛的成活起着决定性作用，能量、蛋白质、矿物质和维生素对母牛的繁殖力影响最大。

动物只有发育到一定生理程度才出现初情期，初情期的体重称为临界体重。日粮能量不足，降低了日增重，会延迟奶牛初情期的出现和初配年龄；能量不足可引起体重下降，当初始体重下降20%~24%时，造成发情抑制、排卵率降低，甚至会增加早期胚胎死亡、流产及弱胎发生率，发情周期终止，卵巢静止，甚至引起脂肪肝和酮血病，降低繁殖机能，严重时危及奶牛性命。其原因是丘脑下部中促性腺激素释放激素（GnRH）的释放受到限制或GnRH没有释放，使促黄体素（LH）分泌减少引起。

日粮蛋白质分瘤胃降解蛋白和瘤胃非降解蛋白质。瘤胃降解蛋白在瘤胃可被降解为氨基酸，氨基酸进一步被脱去氨基，生成二氧化碳、有机酸和氨气，一部分氨气和瘤胃可发酵有机物质能被细菌合成菌体蛋白，当日粮配合不合理时，出现瘤胃能氮不平衡，能氮平衡为负值时，氨的释放速度超过细菌的利用速度，多余的氨被瘤胃壁吸收，进入血液，引起血液中氨浓度提高，转运到肝脏后，经鸟氨酸循环合成尿素，因此，使血和奶中尿素氮水平提高。较高的日粮蛋白质水平引起氮代谢的有毒副产物（氨和尿素）水平提高，可能会损伤精子、卵子和胚胎；日粮的能量和蛋白质的不平衡会影响代谢效率，在过高的蛋白质水平下，牛体为了排泄过量的氮，必须消耗额外能量，可能造成能量负平衡，引起延迟排卵、受精率和血浆孕酮水平的下降；可能改变促性腺素和孕酮的分泌。这三种作用可单独、同时或协同作用，延长母牛产后第一次的排卵时间、增加空怀天数、降低子宫内pH值和改变子宫内液体的组成、提高组织中的氨的浓度，可降低免疫系统的功能，而延长了子宫的自净时间、降低血浆孕酮浓度，最终降低了奶牛的受胎率。

怀孕母牛缺钙常导致胎儿发育受阻甚至死胎，并引起产后瘫痪；日粮钙过量和缺钙一样有害，可引起与繁殖有关的矿物

质（如磷、镁、锌、铜等）吸收困难。缺磷可导致母牛生产力下降、繁殖功能减弱（如不发情、受精率低、泌乳期短等症状）。日粮中钙、磷比例不当也影响母畜的生理机能。

当奶牛缺锌时，会引起性周期紊乱，受胎率降低，易发生早产、流产、死胎及胎儿畸形。低锌日粮可增加分娩时的应激程度，延长分娩过程。

母畜缺硒损害子宫平滑肌的生理机能，导致胎衣不下和受精率降低，导致发情周期紊乱，出现乏情，还可导致不孕。

锰参与胆固醇的合成，胆固醇是合成孕激素、雌激素的前体物。缺锰时，胆固醇及其前体合成受阻，从而引起性激素合成障碍。

缺铜使红细胞和结缔组织在胚胎发育阶段发生缺陷，由于红细胞不能正常供应母畜和胎儿，常引起流产。铜可提高前列腺素（PGS）与受体的结合力，从而提高前列腺素 $PGF_{2\alpha}$ 的作用。

胡萝卜素和维生素 A 与母牛繁殖力有密切的关系。缺乏时易造成流产、死胎、胎衣不下等。

2. 提高管理水平

在管理上，首先搞好清群，淘汰劣质母牛；其次必须改善牛群结构，增加适繁母牛比例，使牛群在生产与增殖方面达到一定比例，达到 50%左右。牛舍、运动场和产房应经常保持清洁、干燥，防止一些病原微生物寄居。母牛在怀孕期间要防止惊吓、鞭打、滑跌、顶架等，特别对有流产史的孕牛，必要时要采取保护措施，如服用安胎药物或注射黄体酮等。应让孕牛常晒太阳，注意牛舍保暖和通气，促进母牛正常发情。要求母牛有充分的运动，尤其孕期母牛，适当运动可以调整胎位，避免难产。母牛分娩需要接产或助产时，要正确接产和助产，要对分娩后母牛的生殖器官进行科学护理，以便快速恢复和减少子宫炎和子宫内膜炎等生殖系统疾病的发生。

3. 提高公牛精液质量

种公牛的精液品质对提高繁殖率很重要，包括射精量、颜色、活力、密度、精子畸形率等。正常情况下，牛的射精量约为5~8ml，精液为淡灰色及微黄色。活力是指精液中直线运动精子所占全部精子的百分数，如100%为直线运动则评为1.0分，90%则评为0.9分，依此类推。精子密度指精液中精子数量的多少。按国家标准冷冻精液解冻后，精子活力应为0.3以上，稀释后活力在0.4~0.5。每份精液含有效精子800万个以上，畸形率不超过17%。由此可知种公牛的饲养十分重要，种公牛的营养应全价而平衡，要求饲料多样配合，易消化，适口性好。同时加强种公牛的运动和肢蹄护理，使种公牛有良好体况和充沛精力。严格遵守规程要求进行精液处理和冻精制作，注意冻精分发和运送各个环节，才能保证精液质量。

4 适时输精

牛发情期比其他畜种短，一般平均仅15~20h。排卵则多在发情结束后10~15h。距发情开始约30h。一般认为母牛发情盛期稍后到发情末期或接受爬跨再过6~8h是输精的适宜时间。在生产中如发现母牛早上接受爬跨则下午输精一次，次日清晨再输精一次。下午接受爬跨的，次日早晨第一次输精，隔8h再输精一次。

5. 熟练掌握输精技术

用直肠把握输精法必须掌握“适深、慢插、轻注、缓出、防止精液倒流”的技术要领。单纯追求输精头数并达不到受精率高的目的，技术员的水平高低影响较大。输精员动作柔和，有利于母牛分泌促性腺激素，增强子宫活动，有利于受胎。

6. 及时检查和治疗不发情的母牛

母牛能否正常繁殖，往往取决于能否正常发情。但往往由

于卵巢功能失常等而引起异常发情。母牛长期不发情或隐性发情，会造成受配率低，其大多数与营养有关。出现这种情况，应当调整母牛的营养水平，这是促进发情的基础；同时利用人工催情的办法也会取得一定的效果。

使用激素催情前，必须弄清楚牛的营养是否平衡（尤其磷的平衡）；其二牛应为中等膘情；第三是发情周期正常。

7. 积极应对不同原因引起的不孕

奶牛常见疾病中，繁殖障碍占 38.80%，依次分别为乳房炎（19.95%）、消化系统疾病（15.14%）、代谢疾病（9.14%）、产科疾病（6.30%）、运动系统疾病（7.56%）及其他疾病（5.43%）。在生殖疾病中 70%是卵巢疾病，主要为卵巢周围组织炎症、卵巢发育不全、卵巢萎缩、卵巢囊肿、卵巢机能减退和并发症。子宫疾病占 30%，主要为子宫炎和子宫颈管炎，还有极少部分由子宫炎引起的输卵管炎。子宫疾病是由细菌感染造成的，有出脓、肿胀现象；卵巢疾病并不是由细菌引起，是由于营养物质供应不完善、精粗饲料比不当等引起。

不孕不育是奶牛养殖中面临的最大问题，也是奶牛精准饲养是否到位的指向标，针对不同原因引起的不孕不育，应在加强饲养管理、完善日粮营养、调控环境和积极防控疾病的基础上，坚持预防为主，及时治疗，结合淘汰的原则进行处理。

不孕原因很多，主要有：先天性不孕、饲养性不孕、管理利用性不孕、繁殖技术性不孕、衰老性不孕和疾病性不孕。

先天性不孕：幼稚病（卵巢发育不全、子宫发育不全）、生殖器官畸形、雌雄间性、异性孪生。其中生殖器官畸形、雌雄间性、异性孪生应淘汰，幼稚病是有较好治疗效果的。

饲养性不孕：饲料中某些氨基酸缺乏，维生素、微量元素种类与量不足，平衡失调，饲料量不足或过量。该类疾病的措施是补充含有平衡营养的饲料，这样可恢复生殖。

管理利用性不孕：运动不足，哺乳期过长，挤奶过度，饲喂发霉变质有害饲料、畜舍卫生不良。该类问题可以调控和治疗，对于运动不足的奶牛，可通过降低饲养密度、扩大运动场面积、延长运动时间等应对。对于长期哺乳的母牛应立即断奶。对于高产牛，由于泌乳过多营养物质大量随乳排出，造成生殖系统营养不足，可以提高饲粮养分浓度措施，这样可恢复生殖。饲喂发霉变质饲料，因含有黄曲霉等毒素会引起不孕；大量饲喂棉粕，因棉酚的超量也会引起不孕，要把握原料关和掌控原料贮藏过程，来控制或杜绝饲料的发霉变质，根据饲料原料的最大喂量调配饲粮，避免棉酚超量。

繁殖技术性不孕：发情鉴定问题，已发情但未发觉，造成漏配；没有适时配种，漏配；经过配种，但技术不良，配种不过关未孕；精液品质不良，精液处理不当造成精子死亡；不及时进行妊娠检查，或者虽然检查但不准确，因妊娠检查未发现的不孕。对于这类问题，可提高培训或学习提高授精员的技术，采用优质精液，加强输精过程的卫生管理。

衰老性不孕：生殖器官萎缩，机能减退。该类牛建议淘汰。

疾病性不孕：配种和接产时消毒不严，产后护理不当；流产、难产、胎衣不下及子宫脱落引起子宫、阴道、滴输卵管感染；传染病和寄生虫病如包括布氏杆菌病、滴虫病、胎弧菌病、钩端螺旋体病及生殖道颗粒性炎症等。应严格执行传染病的检疫和防疫工作，针对各种非传染性的疾病，应请专业兽医，对症下药进行治疗，以提高母牛的繁殖能力。

8. 做好妊娠牛的保胎工作

胎儿在妊娠中途死亡，子宫突然发生异常收缩，或母体内生殖激素紊乱都会造成流产，要做好保胎工作，保证胎儿正常发育和安全分娩。

母牛妊娠 2 个月内胚胎呈游离状态，逐渐完成着床过程，胎儿主要依靠子宫内膜分泌的子宫乳作为营养，此期营养过

低，饲料质量低劣，子宫乳分泌不足，会影响胚胎发育，甚至造成胚胎死亡或流产，即使犊牛产出，体重也很小，发育不好，易死亡。营养中主要是蛋白质、矿物质和维生素，特别在冬季枯草期。维生素A缺乏时，子宫黏膜和绒毛膜的上皮细胞发生变化，妨碍营养物质交流，母子易分离。维生素E缺乏，常导致胎儿死亡。钙、磷不足，会动用母牛骨组织中的钙、磷以供胎儿需要，时间长造成母牛产前或产后瘫痪。因此应注意补充矿物质；不饲喂腐败变质饲料及冰冻饲草料和饮用冰水。避免孕牛受惊、被殴、牴架、摔跌等造成的流产、早产。

（二）提高母牛繁殖力的生物技术

科技的不断发展使繁殖生物技术的应用日益广泛，从常规的人工授精到胚胎移植和体外性控胚胎生产等一系列高新技术的应用，使得奶牛繁殖速度更快，繁殖准确性更好，为奶业发展提供了强劲的动力。

1. 同期发情

（1）同期发情概念及机理。同期发情就是对一群母牛用某种激素或药物来改变它们自然发情周期的进程，人为地控制在一定时间内集中发情，就是同期发情。

一个完整的发情周期实际上可分为卵泡期和黄体期两个阶段。处于黄体期母牛血液中孕酮含量高，可抑制母牛发情，一旦孕酮含量下降则是卵泡期到来的前提，因此，如果能控制孕酮含量，则可以控制母牛发情。现行的同期发情技术有两种途径，一种途径是向一群待处理的母牛同时施用孕激素（孕酮及其类似物，商品名叫普罗），抑制卵巢中卵泡的生长发育和发情，经过一定时期同时停药，随之引起同时发情。这种情况实际上是造成了人为的黄体期，延长了发情周期。另一种途径是利用性质完全不同的另一类激素——如前列腺素（主要有地诺前列腺素、氯前列烯醇），使黄体溶解，中断黄体期，降低孕酮水平，从而促进脑垂体促性腺激素的分泌，引起发情。这种情况实际上是缩短了发情周期。其优点是能使养牛生产做到有计划地集中安排牛群的人工授精、配种和产犊，可以节约时间，节省劳力，提高工作效率；减少不孕，提高繁殖率；有利于开展受精卵的移植等。

（2）同期发情的处理方法。

①孕激素栓塞法。国内外广泛应用的有两种：孕激素阴道装置（Progesterone intravaginai device，PRID）和内控药物释放装置（Controlled internal drug release，CIDR）。使用时都是用特制的放置器将阴道栓放入阴道内子宫颈口，放置一定时间取出后的第 2~4d 发情。

②埋置法。将相当于阴道栓塞 1/5 的药量用套管针埋置于耳背的皮下，经过 9~12d 后取出，并于当天注射一定量的 GnRH 或 FSH。

③前列腺素法。可分为子宫内注入和肌肉注射两种方法。子宫内注入量 $PGF_{2\alpha}$为 3~5mg，肌肉注射用量为 20~30mg。

④口服法。每天将一定量的药物均匀地拌入日粮内单独饲喂，连续喂 12~16d 后同时停药，3~5d 内被处理母牛发情。

（3）定时输精技术。1995 年，美国学者 Pursley 等人提出了奶牛繁殖的新技术——同情排卵（Ovsynch）和定时输精（TAI），国内学者把这一处理过程称作定时输精程序（Ovsynch/TAI）。

①Ovsynch（GnRH2+1）定时输精法。又称为 GnRH+PG+GnRH，其定时输精程序为：对试验牛注射 GnRH，第 7d 注射 PG，再过 2d 再次注射 GnRH，16~18h 后全部输精。

其基本原理是在注射 GnRH 后，促进排卵和黄体形成，或者诱发新一波卵泡发育，正常卵泡和这一波新生卵泡过 7d 后使用 PG，溶解黄体或次黄体，再次注射 GnRH 促进排卵，然后

输精。

该方法时间跨度为 10d，发情率为 50%~80%，60d 受胎率为 25%~50%，头均药成本为 30~40 元。由于青年牛和经产牛在使用效果上差别较大，不建议青年牛使用该技术。

②G6G-Ovsynch 定时输精法。其定时输精程序为：对试验牛注射 PG，第 2d 注射 GnRH，第 8d 注射 GnRH，第 15d 注射 PG，第 17d 注射 GnRH，16~18h 后全部输精。

由上述输精程序看，G6G-Ovsynch 是在 Ovsynch 程序之前有 8d 的“前处理”，特别是在首次使用 GnRH 6d 后使用 Ovsynch 程序，所以称作 G6G-Ovsynch。从排卵率、PG 有效率、同期发情率和受胎率这些指标来看，首次使用 GnRH 6d 后，上述指标的效果最好。

该方法时间跨度为 18d，发情率为 80%~95%，60d 受胎率为 40%~60%，头均药成本为 50~60 元。

③Pre-Ovsynch 定时输精法。其定时输精程序为：对试验牛注射 PG，第 14d 再次注射 PG，第 25d 注射 GnRH，第 32d 第 3 次注射 PG，第 34d 注射 GnRH，16~18h 后全部输精。

产后 35d 即可使用该技术，如果奶牛无发情周期，程序中的两针 PG 无效果。

该方法时间跨度为 35d，发情率为 80%~90%，60d 受胎率为 40%~60%，头均药成本为 45~55 元。

2. 超数排卵

所谓超数排卵，是指在母牛发情周期的适当时间注射生殖激素，使卵巢有较多的卵泡发育并排卵。其目的在于提高单胎家畜（如绵羊、山羊、奶牛等）的繁殖率和为胚胎移植进行的超排。用于排卵控制的生殖激素有两类：促卵泡素（FSH）及其与其活性相似的激素，如孕马血清促性腺激素（PMSG），此类激素可刺激卵泡发育，增加排卵数；促黄体素（LH）及其与其活性相似的激素，如人绒毛膜促性腺激素（HCG），此类激素可以用来调节排卵时间。

3. 胚胎移植

胚胎移植的含义是将良种母牛的早期胚胎取出，或者是由体外受精及其他方式获得的胚胎，移植于同种的生理状态相同的母牛体内，使之继续发育成为新个体。提供胚胎的母牛称为供体牛，接受胚胎的母牛为受体牛。胚胎移植俗称借腹怀胎。胚胎移植后代的遗传特性取决于胚胎的双亲，受体母牛对后代的生产性能影响很小。

根据胚胎生产方式，可以分为体内胚胎生产与移植和体外胚胎生产与移植，根据胚胎性别类型，可以分为常规胚胎移植和性控胚胎移植。其优点是可以选择优秀的供体母牛，且移植妊娠率高；缺点是移植成本高，超排反应差异大，当选用优秀供体时，对生产有影响。其主要技术环节有：供体和受体的选择、超数排卵、胚胎采集、检胚、冷冻胚胎、胚胎移植和妊娠检查。

超数排卵所用药物有 FSH 和 PMSG 以及抗 PMSG，牛的检胚和胚胎移植均应用非手术法。

4. 性别控制精液

在受精之前对精子进行有目的的选择——即将 X 和 Y 精子分离，就是性别控制精液，是实现性别控制最理想的途径。以 X 和 Y 精子 DNA 含量存在差异的原理，应用流式细胞仪分离 X 和 Y 精子，目前经分离的 X 和 Y 精子（性控精液）已在畜牧（特别是奶牛）生产上得到了应用。

性控精液在奶牛上的应用结果不尽一致。青年牛受胎率（46.3%）高于经产母牛（21%~40.4%），以同等剂量进行输精配种，性控精液的受胎率是正常精液的 60%~80%，同时，性控精液的价格偏高，目前国内性控精液每个剂量在 200 元左右，比常规精液高数倍，如何降低性控精液的成本，也是今后需解决的问题。

应用性控精液时应注意，将性控精液应用于青年牛将获得更大的经济效益，经产牛可以用常规精液输精，既保证了一定的受胎率，又提高了母犊率，获得较好的经济效益；不同种公牛生产的性控精液的受胎率存在差异；另外季节对性控精液的使用效果也有影响，在春季、秋季、冬季使用后的受胎率没有显著差异，夏季因为气候炎热，奶牛由于受热应激内分泌紊乱，对发情受胎影响较大，所以夏季最好不用性控精液。

第七章 奶牛日粮的配制与精准饲养管理分析

第一节 泌乳母牛日粮的配制

一、精准日粮配方的设计

（一）奶牛营养的精准需求

营养的精准需求是奶业升级、可持续发展所必需，与之相反的是过量饲喂或摄入不足，过量饲喂或摄入不足的代价都是非常高昂的，这里以微量元素中的铜、锌和锰为例。铜、锌和锰微量元素的吸收是在肠道中和蛋白结合一起被吸收，并在体组织中转运或储存，当这些微量矿物质被过量摄入时，转运蛋白就会饱和，生物系统会感知到微量元素过量，从而减少其运输和吸收效率，造成浪费；还要为排出去的过量的营养物质支付额外的运输费用；一些营养素如铜的过量饲喂会对奶牛的健康和生产性能产生负面的影响。因为铜、锌和锰在细胞功能和动物生存中起到重要作用，是数百种蛋白质的辅助因子，是能量代谢所必需的，也是生长、繁殖和生产所必需的，因此这些微量矿物质的摄入不足也可能会带来同样昂贵代价和风险。基于这些原因，稍微过量饲喂是合理的，但必须考虑与之相关的成本。不仅仅是从经济的角度考虑，而且也要从动物健康和生产的角度考虑。

奶牛的营养需求包括维持营养需要（维持基础代谢、保持体温及必要的活动）、泌乳的营养需要、妊娠的营养需要、体重

变化（体组织分解及增重）所带来的营养需要。因此，在确定奶牛营养的精准需求时，需要获得以下的数据：奶牛体重、泌乳量、牛奶中各组分、奶牛所处的泌乳阶段、妊娠期、奶牛胎次、所处的季节及平均温度。

1. 维持的营养需要

体重是确定维持营养需要的必要条件，奶牛的体重可以通过两个途径获取，第 1 是测量胸围和体斜长而估测体重，第 2 是出售淘汰奶牛时可能获取奶牛的体重，不过，第 2 种途径可能是偏重或偏轻，最好能把这两种途径获取的体重数据分析后确定。

奶牛夏季和冬季的维持营养需要也有差别，根据在 18℃基础上平均下降 1℃则牛体产热增加 2.5 kJ/（kg $W^{0.75}$ · 24h）计算和调整。

奶牛在第 1 和第 2 胎次（泌乳期）还处于生长发育阶段，特别是一些重要的繁殖器官（乳房和子宫的体积和重量均在增加）处于快速生长发育阶段，因此，处于第 1 和第 2 胎次（泌乳期）的奶牛维持的营养需要（维生素除外）额外分别增加 20%和 10%。

2. 泌乳的营养需要

牛奶中的营养成分数据包括乳脂率、乳蛋白率、乳糖率，尽管通过乳脂率也可以计算出牛奶中的养分（y = 1 433.65 + 415.3×乳脂率），但通过乳脂率、乳蛋白率、乳糖率计算的牛奶中的养分更准确（y = 750.02 + 387.98×乳脂率 + 163.97×乳蛋白率 + 55.02×乳糖率）。

另外，夏季和冬季牛奶中的营养成分数据也有区别，夏季的营养成分较低，冬季的较高，因此，即使泌乳量是一样的，奶牛夏季和冬季的营养需求也有差别。

3. 妊娠的营养需要

奶牛处于妊娠的第 6、第 7、第 8 和第 9 月份时，还必须考虑妊娠的营养需要，母牛体重为600kg左右时，可参照第五章“奶牛营养需要”有关妊娠的蛋白质需要量部分，当典型体重不是600kg（如饲养娟姗牛）时参考表7-1。

表7-1　泌乳牛营养需要

项目 体重(kg)	日粮干物质（kg）	产奶净能（MJ）	可消化粗蛋白（g）	小肠可消化蛋白（g）	钙（g）	磷（g）	胡萝卜素（mg）	维生素A（IU）
350	5.02	28.79	243	202	21	16	37	15 000
400	5.55	31.80	268	224	24	18	42	17 000
450	6.06	34.73	293	244	27	20	48	19 000
500	6.56	37.57	317	264	30	22	53	21 000
550	7.04	40.38	341	284	33	25	58	23 000
600	7.52	43.10	364	303	36	27	64	26 000
650	7.98	45.77	386	322	39	30	69	28 000
700	8.44	48.41	408	340	42	32	74	30 000
750	8.89	50.96	430	358	45	34	79	32 000
每千克不同乳脂率产奶量的营养需求								
2.5	0.31~0.35	2.51	49	42	3.6	2.4		
3.0	0.34~0.38	2.72	51	44	3.9	2.6		
3.5	0.37~0.41	2.93	53	46	4.2	2.8		
4.0	0.40~0.45	3.14	55	47	4.5	3.0		
4.5	0.43~0.49	3.35	57	49	4.8	3.2		
5.0	0.46~0.52	3.52	59	51	5.1	3.4		
5.5	0.49~0.55	3.72	61	53	5.4	3.6		
不同体重妊娠最后2个月的营养需求								
350	7.23	41.34	375	317	37	22	67	27
	8.70	49.54	437	370	45	25		
400	7.76	44.36	400	339	40	24	76	30
	9.22	52.72	462	392	48	27		
450	8.27	47.28	425	359	43	26	86	34
	9.73	55.65	487	412	51	29		

（续表）

项目 体重(kg)	日粮干物质（kg）	产奶净能（MJ）	可消化粗蛋白（g）	小肠可消化蛋白（g）	钙（g）	磷（g）	胡萝卜素（mg）	维生素A（IU）
500	8.78	50.17	449	379	46	29	95	38
	10.24	58.54	511	432	54	32		
550	9.26	52.93	473	399	49	31	105	42
	10.72	61.30	535	452	57	34		
600	9.73	55.65	496	418	52	33	114	46
	11.20	64.02	558	471	60	36		
650	10.21	58.33	518	437	55	35	124	50
	11.67	66.70	580	490	63	38		
700	10.67	60.97	540	455	58	38	133	53
	12.13	69.33	602	508	66	41		
750	11.11	63.52	562	473	61	40	143	57
	12.58	71.89	624	526	69	43		
泌乳期间体重每变化1kg所含营养								
增重		−25.10	−320					
失重		20.59	208					

4. 泌乳期间体重变化对养分需要的影响

奶牛在泌乳早期（特别是分娩后8~10周内）通常出现体重下降的现象，每天大约下降0.25~0.75kg，通过体组织分解可以补充泌乳净能和蛋白质的不足，而在泌乳后期奶牛又重新积累体脂肪而增重。泌乳期间每增重1kg需25.104MJ产奶净能，需要可消化粗蛋白236.38g，或粗蛋白393.97g，损失或降解1kg体重可提供20.58MJ产奶净能（奶牛营养需要和饲养标准），根据国外资料，损失或降解1kg体重可提供20.58MJ产奶净能和320g粗蛋白。

5. 瘤胃降解蛋白和瘤胃非降解蛋白需要量

维持的净蛋白质：$270\times W^{0.75}\times 6.25$g，泌乳的净蛋白质需要

为泌乳量（M）×乳蛋白率%（P%），两者之和为总需要量。

1个奶牛能量单位（NND）可产生40g微生物蛋白质，奶牛瘤胃微生物对降解蛋白质的利用率为90%，微生物蛋白质中氨基酸氮（真蛋白质）为80%，微生物蛋白质的消化率为70%，瘤胃非降解蛋白质的消化率为65%，可消化微生物蛋白质和非降解蛋白质用于泌乳和维持的效率为70%。

6. 奶牛营养需要实例分析

下面我们结合实例计算营养需要。某奶牛场成年母牛平均体重为600kg，其高产牛群产奶量为38kg，日增重为- 0. 50kg，中产牛群产奶量为30kg，日增重为0kg，低产牛群产奶量为20kg，日增重为0. 35kg，该牛场春秋两季气温处于温度适中区，春秋两季的乳脂率为3. 5%，该场以全株玉米青贮、羊草和苜蓿干草作粗饲料，用玉米、小麦麸、米糠、豆粕、棉粕、菜粕、DDGS、玉米皮、过瘤胃脂肪和2%预混料为精料补充料原料。

根据奶牛的饲养标准，计算或查出各种营养物质需求。

维持的营养需要与体重、气温有关，因为气温处于温度适中区，此处仅考虑体重因素。由于高、中和低产牛群体重相同，维持需要也相同。

由于乳脂率不足4%，先算出标准奶的产量，标准奶的产量=M×（0. 4+0. 15×3. 5），高、中和低产牛群标准奶的产量分别为18. 5kg、27. 75kg和35. 15kg，该牛场低、中、高产牛群不考虑体重变化的营养需要见表7-2，加上体重变化之后详见表7-3。

表7-2　高、中、低产牛群泌乳和维持的营养需要

泌乳量（kg）	干物质（kg）	产奶净能（MJ）	粗蛋白（g）	可消化粗蛋白（g）	瘤胃降解蛋白质(g)	瘤胃非降解蛋白质（g）	钙（g）	磷（g）
20	14. 92~15. 84	101. 21	2 130. 16	1 424	1 433. 49	744. 71	120	83
30	18. 62~20. 00	130. 24	2 916. 41	1 963. 69	1 844. 60	1 129. 24	160. 88	110. 25

（续表）

泌乳量（kg）	干物质（kg）	产奶净能（MJ）	粗蛋白（g）	可消化粗蛋白（g）	瘤胃降解蛋白质(g)	瘤胃非降解蛋白质（g）	钙（g）	磷（g）
38	21.58~23.33	153.46	3 545.41	2 390.36	2 173.49	1 436.86	194.18	132.45

表 7-3　高、中、低产牛群泌乳、维持和体重变化的营养需要

泌乳量（kg）	步骤	干物质（kg）	产奶净能（MJ）	粗蛋白（g）	瘤胃降解蛋白质（g）	瘤胃非降解蛋白质(g)	钙（g）	磷（g）
20kg	维持需要	7.52	43.16	557.66			36.00	27.00
	1kg3.5%牛奶	0.37~0.42	2.89	78.63			4.16	2.78
	20kg 该牛奶	7.40~8.40	58.05	1572.50		83.25	55.50	
	小计(维持+泌乳)	14.92~15.84	101.21	2 130.16	1 433.39	744.71	119.25	82.50
	增重需要	1.31	8.79	137.40	124.66	116.51	7.00	4.55
	合计(维持+泌乳+增重)	16.23~17.03	110.00	2 267.56	1 558.05	861.22	126.25	87.05
30kg	30kg 该牛奶	11.10~12.49	86.62	2 358.75			124.88	83.25
	小计(维持+泌乳)	18.62~20.00	129.77	2 916.41	1 844.60	1 129.24	160.88	110.25
38kg	38kg 该牛奶	14.06~15.82	109.71	2 987.75			158.18	105.45
	小计（维持+泌乳）	21.58~23.33	152.87	3 545.41	2173.49	1 436.86	194.18	132.45
	失重 0.5kg		10.29	160				
	合计（维持+泌乳+失重）	21.58~23.33	142.58	3 385.41	2173.49	1 436.86	194.18	132.45

下面以中产牛群为例计算瘤胃降解蛋白质和瘤胃非降解蛋白质的需要量。维持的净蛋白质：$270\times W^{0.75}\times 6.25=270\times 600^{0.75}\times 6.25=204\ 575.63mg\approx 204.57g$，乳蛋白率可以测定，也可以用回归式：乳蛋白率（%）= 2.36+0.24×乳脂率计算而得，泌乳的净蛋白质需要为泌乳量（M）×乳蛋白率%（P%）= 30×3.2% = 0.96kg，合计 1 164.57g。

根据奶牛小肠蛋白质体系的参数，由能量估测的微生物蛋白质产量 = 进食的 NND×40 = 130.24÷3.138×40 = 1 660.17g，合成1 660. 17g微生物蛋白质需要降解蛋白质=1 660. 17g ÷ 90% = 1 844. 60g。

由微生物提供的净蛋白质=1 660. 17×0. 8（真蛋白质）×0. 7（微生物蛋白质的消化率为70%）×0. 7(可消化微生物蛋白质用于泌乳和维持的效率为70%）= 650. 79g，还差1 164. 57-650. 79=513. 78g，相当于瘤胃非降解蛋白质=375÷70%（瘤胃非降解蛋白质的消化率）÷65%（非降解蛋白质用于泌乳和维持的效率）= 1 129. 24g。

（二）饲料原料选择及小型数据库的建立

饲料原料选择的原则如下。

1. 坚持大宗饲料当地化是配制饲粮最经济的途径

当地饲料运输距离短，因而价格较低，供求关系相对稳定，新鲜，对质量容易把握。

2. 坚持饲料多样化和简单化的统一

日粮组成多样化的优点不仅在于营养物质的互补、适口性提高，更重要的在于成本的下降，极大地降低饲料原料价格波动的风险；但日粮组成多样化的缺陷是检测饲料养分的难度和工作量大。

3. 掌握饲料原料的最大用量

棉粕由于含有棉酚而影响繁殖性能，需要限量使用，其日最大摄取量的参考值为0. 38kg/100kg体重，但去壳棉粕可以突破0. 45kg/100kg；炒熟的大豆日喂量为3. 0kg；尿素衍生物0. 030kg/100kg体重，菜粕由于适口性比较差也需要限量饲喂。

4. 饲料卫生安全

众所周知，奶牛日粮种类繁多、结构多样，易受细菌污染，这些细菌既有致病性的，也有非致病性的。霉菌是对饲料卫生安全构成最大危害的一类细菌，饲料更易受霉菌毒素的污染和侵害。全球范围内，奶牛饲料受霉菌毒素的污染和侵害呈不断

上升趋势。如何做好奶牛场霉菌毒素防控，就成为了奶牛养殖从业人员思考的重要问题。危害奶牛生产的主要霉菌毒素有18种，这18种霉菌毒素包括：黄曲霉毒素4种，玉米赤霉烯酮，单端孢霉烯族毒素B族5种，单端孢霉烯族毒素A族4种，伏马毒素3种和赭曲霉毒素A。其中我们熟悉的对奶牛的危害分别是：黄曲霉毒素损害奶牛肝脏功能，造成牛奶M1超标；玉米赤霉烯酮结构与雌激素类似，造成奶牛的繁殖障碍；呕吐毒素危害奶牛肠道健康，引起牛奶体细胞上升、乳房炎比例增加、牛群围产期代谢疾病风险加剧。

新版饲料卫生标准中（GB 13078—2017），泌乳期精补料中黄曲霉毒素的限定值为10μg/kg，犊牛、泌乳期精饲料补充料中呕吐毒素的限定值为1 000 μg/kg，犊牛、泌乳期精饲料补充料中玉米赤霉烯酮的限定值为500μg/kg。

一般检测中，黄曲霉毒素总量用$AFB_1+AFB_2+AFG_1+AFG_2$进行计算，单端孢霉烯族毒素B族用呕吐毒素、3-乙酰基呕吐毒素、15-乙酰基呕吐毒素、雪腐镰刀菌烯醇、镰刀菌烯酮合并计算。

在奶牛生产中，受黄曲霉毒素危害最多的是棉籽、棉粕和DDGS，主要被单端孢霉烯族毒素B族污染的饲料是DDGS和麸皮，含玉米赤霉烯酮较高的饲料是DDGS和麸皮。在使用这些原料时，需采取正确恰当的防控措施，最大限度地降低霉菌毒素对牛奶品质、奶牛健康和繁殖造成的危害，提高牧场生产效益。

5. 饲料的采样、分析及数据库的建立

凡购买的原料在入库同时，必须按5%（每100袋随机抽查5袋）随机采样，采样用探筒进行，组成混合样本，充分混合后，作感官检查，凡有发霉、变质、结块、气味和颜色异常、明显掺假等情况时，不再作成分分析，报有关领导处理。对已经入库的谷实类等精料原料采样时，应从长方体堆垛的周围+—

边进行采样，按堆放袋数的5%随机抽采，组成混合样本，充分混合后先进行样品感官检查，凡有发霉、变质、结块、气味和颜色异常时，向责任人提出弃用或部分弃用建议，感官正常时进行分析，分析项目有水分、粗蛋白、粗脂肪、粗灰分、粗纤维、钙、磷、中性洗涤纤维、酸性洗涤纤维等，尽可能用国标分析方法。平行样品误差应小于3%，否则，重新分析。剩样保存在广口棕色瓶内，常温、避光保存，以备复查，直至全批原料用完，无异常情况出现为止。

根据分析结果，按照表7-4中的回归式从总能开始，逐步计算消化能和泌乳净能，并建立自己的小型饲料数据库。一些常用饲料成分及营养价值见表7-5。

必须强调的是，饲料数据库是动态的，每批原料必须采样、分析、建立数据库；对于高风险的原料，如玉米、棉粕、全棉籽等，每周要抽查黄曲霉毒素含量；根据地域性特点，还要检测砷、铅、汞等有毒有害元素含量。

表7-4　估测各种饲料有效能值的回归方程

能量种类	估算公式
总能	总能（kJ/100g饲料）= 23.93×粗蛋白质%+39.75×粗脂肪%+20.04×粗纤维%+16.86×无氮浸出物%
能量消化率	能量消化率（%）= 94.2808-61.5370×NDF/OM；能量消化率（%）= 91.6694-91.3359×ADF/OM
消化能	消化能=总能×能量消化率（%）
泌乳净能	泌乳净能（MJ/kg饲料干物质）= 消化能×0.5501（MJ/kg饲料干物质）-0.3958

表7-5　一些常用饲料成分及营养价值

饲料名称	干物质（%）	产奶净能（MJ/kg）	粗蛋白（%）	钙（%）	磷（%）	NDF（%）	ADF（%）	粗蛋白降解率（%）
全株玉米青贮	26.15	5.46	8.61	0.42	0.23			55.16

（续表）

饲料名称	干物质（%）	产奶净能（MJ/kg）	粗蛋白（%）	钙（%）	磷（%）	NDF（%）	ADF（%）	粗蛋白降解率（%）
羊草	92. 95	4. 45	5. 38	0. 65	0. 14			57. 60
苜蓿	92. 37	6. 39	19. 74	2. 33	0. 22			61. 00
玉米	87. 26	8. 49	10. 12	0. 15	0. 16			38. 73
麸皮	89. 75	6. 28	21. 01	0. 20	0. 42			78. 67
玉米皮	91. 63	7. 42	18. 68	0. 13	0. 40			50. 30
米糠	90. 20	7. 52	13. 40	0. 16	1. 15			80. 23
脂肪粉	99. 86	26. 97	0	0	0			
豆粕	86. 64	8. 54	47. 38	0. 59	0. 75			46. 88
棉粕	88. 52	7. 90	53. 68	0. 37	0. 93			40. 57
菜粕	91. 70	4. 39	43. 96	0. 99	0. 72			35. 14
玉米胚芽粕	89. 39	7. 83	37. 59	0. 12	0. 28			54. 28
DDGS	89. 45	3. 85	30. 06	0. 20	0. 19			37. 75
全棉籽	90. 87	7. 28	21. 23	0. 51	0. 45			48. 58
石粉	92. 10			33. 98				
磷酸氢钙	90. 00			23. 20	18. 60			
食盐	100							
预混料	100							
脱霉剂	100							

注：（1）表中产奶净能、粗蛋白、钙、磷等以绝干物质为基础。（2）瘤胃降解蛋白（RDP）= 粗蛋白×粗蛋白降解率（%）；瘤胃非降解蛋白（UDP）= 粗蛋白-瘤胃降解蛋白

二、确定干物质采食量

奶牛通过摄入的日粮来获得各种养分，摄入日粮的多少通常用干物质表示。奶牛干物质采食量的大小与体重、泌乳量、日粮组成、饲喂方式等因素有关。如果日粮中粗饲料比例较大，由于瘤胃体积限制，奶牛有可能在未摄入足够的养分时就停止

采食，影响了养分的摄入，进而影响了牛奶的合成和生产能力的提高，甚至引起体重下降而引发代谢性疾病，如果日粮中精补料的比例较大，则奶牛摄入干物质较多，可能提高泌乳量，也可能引起奶牛肥胖而引发代谢性疾病。奶牛瘤胃体积的大小决定一次性采食量的多少，日粮在消化道的流通速度则可能影响了持续性采食量。一般情况下，奶牛体重、泌乳量多少决定了日粮的养分浓度，采食量的多少则决定了摄入了多少养分。奶牛采食量的大小应该以饲养标准中的采食量为基准进行适当的调整，高产奶牛干物质采食量以标准中的下限量为准较好，低产奶牛干物质采食量以标准中的上限量为准较好。一般以±10%为调整范围，并结合剩余草料量调整。

三、确定粗饲料摄入量及精粗比

当奶牛日粮全部为高质量的粗饲料时，其采食量为体重的2.5%左右，当精补料足够时，奶牛群平均粗饲料干物质采食量为体重的1.8%。如果将奶牛群按照产奶量分群后，高产群平均粗饲料干物质采食量为体重的1.6%，低产群平均粗饲料干物质采食量为体重的2.0%。

还以上个例子的低产牛群为例继续计算，不考虑增重时干物质采食量为14.92~15.84kg，考虑增重为16.23~17.03kg。为方便计算，干物质采食量以16.67kg计算。

四、计算粗饲料和其他混合饲料中的养分含量

结合使用粗饲料的种类和比例乘以养分值来计算粗饲料所提供的养分。

以低产牛群为例继续计算，确定粗饲料、副料提供营养量。如果日采食16kg全株玉米青贮、1.5kg羊草和2kg苜蓿干草，所提供的养分见表7-6。

表 7-6　粗饲料提供的养分

饲料	数量（kg）	干物质（kg）	产奶净能（MJ）	粗蛋白（g）	瘤胃降解蛋白质(g)	瘤胃非降解蛋白质（g）	钙（g）	磷（g）
青贮	16	4.184	22.845	360.242	173.997	186.245	17.573	9.623
羊草	1.5	1.394	6.204	75.011	35.255	39.756	9.063	1.952
苜蓿	2.0	1.847	11.805	277.110	118.326	158.784	43.044	4.064
合计		7.425	40.854	712.363	327.578	384.785	69.680	15.639
需要量		16.23~17.03	110.00	2 267.56	1 558.05	861.22	126.25	87.05
差值		8.805~9.605	69.146	1 555.197	1 230.472	476.435	56.570	71.411
养分值(kg)			7.4800	168.2369	133.1089	51.53946	6.1196	7.7250

为方便计算，干物质采食量以 16.67kg 计算，则每千克干物质精补料中的能量和蛋白质等含量见表 7-6 最后一行。

五、计算精补料中的养分含量

由于该奶牛场使用 2% 预混料，而食盐一般为 0.8% ~ 1.0%，根据每千克干物质精补料中对能量、蛋白质、钙、磷等含量的要求拟定配方，初步拟定的精补料配方及营养水平见表 7-7。

表 7-7　虚拟精补料配方的营养水平

饲料	数量（kg）	干物质（kg）	产奶净能（MJ）	粗蛋白（g）	瘤胃降解蛋白质(g)	瘤胃非降解蛋白质(g)	钙（g）	磷（g）
玉米	0.4707	0.4107	3.4869	41.5635	16.0976	25.4660	0.6161	0.6571
喷浆玉米皮	0.2921	0.2677	1.9860	49.9977	25.1488	24.8488	0.3479	1.0706
麸皮	0.0498	0.0447	0.2807	9.3897	7.3869	2.0028	0.0894	0.1877
米糠	0.0199	0.0180	0.1351	2.4075	1.9315	0.4760	0.0287	0.2066
豆粕	0.0598	0.0518	0.4421	24.5294	11.4994	13.0300	0.3055	0.3883
棉粕	0.0372	0.0330	0.2605	17.7000	7.1809	10.5191	0.1220	0.3066

(续表)

饲料	数量(kg)	干物质(kg)	产奶净能(MJ)	粗蛋白(g)	瘤胃降解蛋白质(g)	瘤胃非降解蛋白质(g)	钙(g)	磷(g)
DDGS	0.0169	0.0151	0.0583	4.5524	1.7185	2.8339	0.0303	0.0288
磷酸氢钙	0.0246	0.0221	0	0	0	0	5.1363	4.1179
食盐	0.0090	0.0090						
预混料	0.0200	0.0200	0	0	0	0	0	0
脱霉剂	0	0.0050	0	0	0	0	0	0
合计	1.0000	0.8921	6.6496	150.1402	70.9636	79.1766	6.6762	6.9636

六、确定精补料的日喂量

初步拟定的精补料配方中干物质含量为89.21%，需要将干物质换算为实际饲喂饲料量，需要的精补料量为9.244 1÷89.21%=10.362 2kg。

七、精补料中其他养分含量的计算

根据初步拟定精补料配方，计算其他养分含量，逐步向目标值接近。

八、核算可被利用的全部干物质量并确定水的需求量

详见表7-8。

表7-8　日粮组成及营养水平

饲料	数量(kg)	干物质(kg)	产奶净能(MJ)	粗蛋白(g)	瘤胃降解蛋白质(g)	瘤胃非降解蛋白质(g)	钙(g)	磷(g)
青贮	16	4.184	22.845	360.242	198.7097	161.5327	17.573	9.623
羊草	1.5	1.394	6.204	75.011	43.2084	31.8023	9.063	1.952

（续表）

饲料	数量（kg）	干物质（kg）	产奶净能（MJ）	粗蛋白（g）	瘤胃降解蛋白质(g)	瘤胃非降解蛋白质(g)	钙（g）	磷（g）
苜蓿	2.0	1.847	11.805	277.110	222.4528	142.2239	43.044	4.064
玉米	4.8772	4.2559	36.1324	430.6943	166.8079	263.8864	6.3838	6.8094
喷浆玉米皮	3.0269	2.7735	20.5794	518.0913	260.5999	257.4914	3.6056	11.0940
麸皮	0.5160	0.4631	2.9083	97.2994	76.5455	20.7540	0.9262	1.9451
米糠	0.2064	0.1862	1.4000	24.9472	20.0151	4.9321	0.2978	2.1410
豆粕	0.6192	0.5365	4.5815	254.1818	119.1604	135.0214	3.1652	4.0236
棉粕	0.3860	0.3417	2.6991	180.0884	73.0619	107.0265	1.2641	3.1774
DDGS	0.1754	0.1569	0.6042	47.1735	17.8080	29.3655	0.3139	0.2982
磷酸氢钙	0.2549	0.2294	0	0	0	0	53.2240	42.6709
食盐	0.929	0.0929						
预混料	0.2064	0.2064	0	0	0	0	0	0
脱霉剂	0.0516	0.0516						
合计	30.749	16.719	109.759	2 264.839	1 198.370	1 154.036	138.861	87.799
需要量		16.23~17.03	110.00	2 267.56	1 558.05	861.22	126.25	87.05

同样原理和计算过程来计算中产奶牛（泌乳量为30kg、日增重为零）和高产奶牛（泌乳量为38kg、日增重-0.5kg）的日粮配方，假定中产奶牛日采食20kg全株玉米青贮、2.0kg羊草和3kg苜蓿干草，其结果见表7-9，假定高产奶牛日采食28kg全株玉米青贮、2.0kg羊草和3kg苜蓿干草，其结果见表7-10。

表 7-9　中产奶牛群日粮配方

饲料	数量(kg)	干物质(kg)	产奶净能(MJ)	粗蛋白(g)	瘤胃降解蛋白质(g)	瘤胃非降解蛋白质(g)	钙(g)	磷(g)
青贮	20.00	5.2300	28.5558	450.3030	248.3871	201.9159	21.9660	12.0290
羊草	2.0	1.8590	8.2726	100.0142	57.6112	42.4030	12.0835	2.6026
苜蓿	3.0	2.7711	17.7073	547.0151	333.6792	213.3359	64.56664	6.0964
玉米	5.66	4.9357	41.9041	499.4933	193.4538	306.0396	7.4036	7.8971
喷浆玉米皮	0	0	0	0	0	0	0	0
麸皮	0	0	0	0	0	0	0	0
米糠	0	0	0	0	0	0	0	0
脂肪粉	0.59	0.5892	15.8907	0	0	0	0	0
豆粕	0.15	0.1276	1.0899	60.4667	28.3468	32.1199	0.7530	0.9572
棉粕	2.68	2.3731	18.7475	1 273.9498	516.8414	757.1 084	8.7805	22.0698
全棉籽	0.10	0.0892	0.6496	18.9445	9.2032	9.7412	0.4551	0.4016
DDGS	0	0	0	0	0	0	0	0
磷酸氢钙	0.36	0.3270	0	0	0	0	75.8654	60.8231
食盐	0.09	0.0884	0		0	0	0	0
预混料	0.20	0.1964	0	0	0	0	0	0
脱霉剂	0	0	0	0	0	0	0	0
合计	34.83	18.5867	132.8175	2 950.1866	1 387.5227	1 562.6640	191.8737	112.8768
需要量		18.62~20.00	129.77	2 916.41	1 844.60	1 129.24	160.88	110.25

表 7-10　中产奶牛群日粮配方

饲料	数量(kg)	干物质(kg)	产奶净能(MJ)	粗蛋白(g)	瘤胃降解蛋白质(g)	瘤胃非降解蛋白质(g)	钙(g)	磷(g)
青贮	28.0	7.3220	39.9781	630.4242	347.7420	282.6822	30.7524	16.8406
羊草	2.0	1.8590	8.2726	100.0142	57.6112	42.4030	12.0835	2.6026
苜蓿	3.0	2.7711	17.7073	547.0151	333.6792	213.3359	64.56664	6.0964
玉米	5.66	4.9357	41.9041	499.4933	193.4538	306.0396	7.4036	7.8971
喷浆玉米皮	0	0	0	0	0	0	0	0

（续表）

饲料	数量（kg）	干物质（kg）	产奶净能（MJ）	粗蛋白（g）	瘤胃降解蛋白质（g）	瘤胃非降解蛋白质（g）	钙（g）	磷（g）
麸皮	0	0	0	0	0	0	0	0
米糠	0	0	0	0	0	0	0	0
脂肪粉	0.40	0.3994	10.7729	0	0	0	0	0
豆粕	0.60	0.5198	4.4394	246.3002	115.4655	130.8347	3.0671	3.8988
棉粕	2.68	2.3731	18.7475	1 273.9498	516.8414	757.1084	8.7805	22.0698
全棉籽	0.10	0.0892	0.6496	18.9445	9.2032	9.7412	0.4551	0.4016
玉米胚芽粕	0.10	0.0894	0.6999	33.6044	18.2405	15.3639	0.1073	0.2503
DDGS	0.15	0.1342	0.5166	40.3330	15.2257	25.1073	0.2684	0.2549
磷酸氢钙	0.43	0.3870	0	0	0	0	89.7840	71.9820
食盐	0.10	0.0884	0		0	0	0	0
预混料	0.21	0.2100	0	0	0	0	0	0
脱霉剂	0	0	0	0	0	0	0	0
合计	34.83	21.1900	143.6881	3 390.0787	1 607.4625	1 782.6162	217.2683	132.2941
需要量		21.58~23.33	142.58	3 385.41	2 173.49	1 436.86	194.18	132.45

第二节　泌乳母牛精准饲养管理评定技术——奶牛生产性能测定（DHI）

奶牛生产性能测定的英文为 Dairy Herd Improvement（意为奶牛场牛群改良计划，简称 DHI），也称牛奶记录体系。是通过测定泌乳牛的奶样，分析其泌乳量、奶成分和体细胞数等基础信息，形成生产性能测定报告，系统反映奶牛繁殖配种、饲养管理、乳房保健及疾病防治等状况，为牛群管理提供及时、客观、准确和科学的依据。

一、测定牛群要求

参加生产性能测定的牛场，应具有一定生产规模，采用机械挤奶，并配有流量计采样装置。生产性能测定采样前必须搅拌，因为乳脂比重较小，一般分布在牛奶的上层，不经过搅拌采集的奶样会导致测出的乳成分偏高或偏低，最终导致生产性能测定的报告不准确。

二、测定奶牛条件

测定奶牛应是产后第 6d 至干奶前 6d 的泌乳牛。牛场应具备完好的牛只标识、系谱和繁殖记录，并保存有牛只的出生日期、父号、母号、外祖父号、外祖母号、近期产犊日期等信息。

三、采样

对每头泌乳牛一年测定 10 次，每头牛每个泌乳月测定一次。两次测定间隔一般为 26~33d，每次测定需对所有泌乳牛逐头取奶样。每头牛的采样量为 40~50ml，1d 3 次挤奶一般按早：中：晚为 4：3：3 比例取样，两次挤奶按早：晚为 6：4 的比例取样。每头牛挤完奶后，开启放气阀门搅拌均匀，再开启取样口取奶样 50ml，并在奶样瓶盖上标识牛号，并填好牛场名称、送样日期、取样日期。

四、样品保存与运输

为防止奶样腐败变质，在每个奶瓶里装有一颗防腐剂，在 15℃的条件下可保持 4d，在 2~7 ℃冷藏条件下可保持 1 周。采样后应尽快送达测定站，以免时间过长导致样品腐败。

五、DHI 测定奶样的内容

主要测定指标有乳脂率、乳蛋白率、乳糖率、全乳固体、

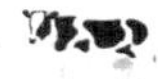

尿素氮和体细胞数。属于分析指标包括群内级别指数、脂蛋比、校正奶、高峰日、305d 产奶量、成年当量等。

六、DHI 报告的数据及信息

（1）序号。样品测试的顺序。

（2）牛号。根据中国奶业协会的规定统一编号，共计 12 位，分为三段，第一段前 2 位是所在省（市、自治区）的编号，第二段中间 4 位是牧场编号，第三段后 6 位数是出生年和顺序，其中出生年为 2 位数，后面为顺序。

（3）分娩日期。参加测试牛分娩的准确时间，由牛场主填报。分娩日期是很重要的，它是生成许多参数的基数。

（4）泌乳天数。从分娩到本次测定的时间，这是电脑按照提供的分娩日期产生的第一个数字，它依赖于提供的分娩日期的准确性。

（5）胎次。这也是牧场提供的数字，它对电脑产生 305d 预计产奶量很重要，因电脑需要精确的胎次以识别泌乳曲线。

（6）上次奶量。以千克为单位的上个测定日该牛的产奶量，用于和相邻月份比较说明泌乳性能稳定性和评估期间的饲养管理措施。

（7）乳脂率、乳蛋白率、乳糖率、乳干物质率。测试日呈送的样品中分析出的乳脂肪、乳蛋白、乳糖和干物质的百分比。

（8）乳脂/蛋白比例。这是该牛在测奶时的牛奶中乳脂率与蛋白率的比值。

（9）体细胞。计数单位是1 000，是每毫升样品中的该牛体细胞数的记录。SCC 主要为白细胞也含有少量的乳腺上皮细胞。

（10）牛奶损失。这是电脑产生的数据，基于该牛的产奶量及体细胞计数而生成的。

（11）线形分。是电脑基于体细胞计数转换成线性评分，范围为 1~9，用于确定奶量的损失。

（12）尿素氮。牛奶中非蛋白氮浓度，单位为 mg/100ml，反映日粮氮的供给、利用和代谢状况。

（13）累计奶量。是电脑产生的数据，以千克为单位，基于胎次和泌乳日期，可以用于估计该牛只本胎次产奶的累计总产量。

（14）累计乳脂率、乳蛋白率和乳干物质率。是电脑计算产生的，基于胎次和泌乳日期计算出该牛本胎次生产的脂肪总量、蛋白总量和干物质总量，再除以累计奶量计算出的乳脂率、乳蛋白率和乳干物质率。

（15）峰值奶量（高峰奶）和峰值日。峰值奶量以千克为单位的最高的日产奶量，是以该牛本胎次以前几次产奶量比较得出的；峰值日表示产奶峰值日发生在产后的多少天。

（16）305d 奶量。是电脑产生的数据，以千克为单位，如果泌乳天数不足 305d，则为预计产量，如果完成 305d 奶量，该数据为实际奶量。

（17）持续力。牛群维持高产能力的指标。根据不同泌乳月份与上个泌乳月产奶量的比值计算出来的数据。

（18）繁殖状况。如果牛场管理者呈送了配种信息，这将指出该牛是产犊、空怀、已配还是怀孕状态。

七、DHI 报告的分析应用

每份 DHI 报告可以提供牛群群体水平和个体水平两个方面信息，在此不再区别。一份奶牛生产性能测定报告，可以看作是奶牛的一次全面体检报告。牧场管理者可以通过测定报告分析得出的结论，随时了解奶牛的身体变化，及早发现潜藏的疾病，为制定疾病防治计划提供科学的现实依据。另外，可以及时调控奶牛的营养水平，降低体细胞数提高奶牛产奶量，还可以根据牛只生产表现及所处的生理阶段，科学分群饲养管理，及时调整牛群结构，使牛群生产始终处于最佳状态，提高养牛

的经济效益。譬如，通过详细了解奶牛的体况，对围产期奶牛进行护理；杜绝营养不当、饲喂不良、产犊环境差的产后疾病等的发生。

1. 泌乳天数

较理想的牛群泌乳天数为150~170d，如果牛群为全年均衡产犊，也就使得全年的产奶量均衡，泌乳天数就应处于150~170d，这一指标可以显示牛群繁殖性能及产犊间隔。

2. 胎次

牛群平均理想胎次为3.0~3.5胎，是根据奶牛泌乳生理特点、胎次泌乳量的效益率和健康管理的水平提出来的，可以作为衡量一个奶牛场管理水平的依据。

3. 体细胞数与乳房健康

牛奶中体细胞数是指每毫升奶中的细胞总数，包括白细胞和脱落的上皮细胞，其中白细胞（巨噬细胞、嗜中性白细胞和淋巴细胞）占98%~99%，剩余为乳腺组织脱落的上皮细胞。当乳房被微生物侵入时，使乳房局部血流量增加，血管通透性增强，造成中性白细胞和单核细胞等白细胞在有炎症的局部游离，乳汁中细胞数及种类发生变化。因此，测量牛奶中体细胞数的变化有助于及早发现乳房损伤或感染、预防治疗乳腺炎，同时还可降低治疗费用，减少牛只的淘汰费，增加产奶能力。因为乳房的健康与否直接关系到牛只的产奶能力、牛奶质量和奶牛使用年限等，故体细胞数是用来衡量乳房是否健康的重要标志。奶牛理想的体细胞数：第1胎≤15万/ml，第2胎≤25万/ml，第3胎≤30万/ml。

通常将DHI中体细胞数转换成线性评分（表7-11），分值每增加1，体细胞计数的中间值翻倍。一般认为体细胞评分≤4时乳房健康状况好，而≥4就认为患乳房炎，所以，本月体细胞数≥4，上月≤4的就属于新感染牛，反之则为痊愈牛，而连续3个月≥4则为慢性感染牛，并据此计算治愈率、奶损失等指标。

表 7-11　体细胞数的线性评分表

线性分（体细胞分）	体细胞计数范围	中间值
0	0~17 000	12 500
1	18 000~34 000	25 000
2	35 000~70 000	50 000
3	71 000~140 000	100 000
4	141 000~282 000	200 000
5	282 000~565 000	400 000
6	566 000~1 130 000	800 000
7	1 131 000~2 262 000	1 600 000
8	2 263 000~4 525 000	3 200 000
9	4 526 000~9 999 000	6 400 000

在管理上可以采取针对性地隔离治疗奶牛泌乳期的临床乳房炎；调整挤奶顺序，使隐性乳房炎牛只排在最后挤奶，预防感染其他健康牛只；淘汰慢性感染牛等措施，使得奶牛体细胞数降低，提高产奶量。

4. 乳脂率与乳蛋白率分析

（1）脂蛋比。正常情况下，荷斯坦牛的乳脂与乳蛋白的比应在 1. 12~1. 13。这一比值在泌乳前期略偏小，特别是处于泌乳 30~60d 的牛，可常见到 3%的乳脂含量和 2. 9%的蛋白含量，此时比值仅为 1. 03；当日粮中添加了大量脂肪，或日粮中蛋白不足，或非降解蛋白不足时，会发生高脂低蛋白症，引起该比值升高；反之当蛋白含量大于脂肪含量比值小于 1 时，则可能是由于日粮中太多的谷物精料，或者日粮中缺乏有效纤维素。

（2）脂蛋差。奶牛在泌乳早期的乳脂率与乳蛋白率之差小于 0. 4%时，就意味着奶牛在快速利用体脂，则应检查奶牛是否

发生了酮病，也可能是过渡期中毒（指发生于产后 40d 以内）；而泌乳中后期时，则可能发生了典型性酸中毒。

若乳脂率低，可能由瘤胃功能不佳，代谢紊乱，干草过少，饲料颗粒过小或搅拌时间过长等问题导致；若产后第 100d 内蛋白率很低（<3%），可能是由于干奶期日粮营养差导致产犊时体况评分过低，泌乳早期能量缺乏，日粮中可溶性蛋白或非蛋白氮含量过高，能蛋比例不平衡致微生物蛋白合成量下降所致。乳脂率低下可采取的措施：减少 TMR 中精料比例，搅拌时间不要太长，原料中精料不要磨得太细；日粮中添加小苏打等缓冲盐；饲料中中性洗涤纤维（NDF）应大于 28%，保证奶牛正常反刍；酸性洗涤纤维（ADF）不少于 18%。

5. 尿素氮的分析

牛奶中尿素氮（Milk Urea Nitrogen，MUN）可反映体内氮代谢情况，进而反映日粮蛋白质水平、瘤胃能氮平衡和奶牛瘤胃对氮的利用率。正常情况下牛奶中尿素氮含量在 140～180 mg/L，在 DHI 报告中以 mg/dL 表示。一般≤10mg/dL 为低水平，10～18mg/dL 为适中，≥18mg/dL 为高水平。如果牛奶中的尿素氮含量高于上限，则有可能是以下原因：日粮中粗蛋白总量偏高；瘤胃降解蛋白比率偏高或日粮中非蛋白氮过多；瘤胃可发酵有机物不足；能氮不平衡。在分析尿素氮时，同时要和乳蛋白率相结合进行分析。如果乳蛋白率≥3.0%，且 MUN≤10mg/dL，则为日粮蛋白质缺乏，但能量平衡或稍过剩，MUN 为 10～18mg/dL 时，能氮平衡，MUN 为≥18mg/dL 时，蛋白质过剩，能量平衡或能量稍缺乏；如果乳蛋白率小于 3.0%，且 MUN≤10mg/dL，则为日粮蛋白质和能量均缺乏，MUN 为 10～18mg/dL 时，蛋白质平衡，能量缺乏，MUN 为≥18mg/dL 时，日粮蛋白质过剩，能量缺乏。

6. 产奶量的分析

前后两次个体产奶量的值：主要用于比较个体产奶水平的

变化，可以反馈出营养配方、牧场管理方面的缺陷。若明显下降可能预示该动物受到应激，如生病、肢蹄病、争吃草料等。如果两次测奶量较大的波动可能是：日粮配方更换太快；母牛产犊时过肥，可能会发生代谢病。如：酸中毒、酮病等。

7. 泌乳持续力的分析

持续力是衡量牛群或个体维持高产能力的指标。根据测试日奶量与前次测试奶量，可计算出个体牛的泌乳持续力：

泌乳持续力=测试日奶量/前次测试日奶量×100%

泌乳持续力随着胎次而变化，一般一胎牛的产奶量下降比二胎以上的牛慢；泌乳持续力也随着泌乳阶段而变化，产奶量从首次测定到第二次测定一般会增加，第二次与第三次测定日基本持平，从第三次测定日后，每次是上次的92%~98%，在第3至第6泌乳月，每月约下降2%~5%，之后每月下降7%~8%。若泌乳持续力高，可能预示着前期的生产性能表现不充分，若泌乳持续力低，表明目前饲养管理、饲料营养、环境调控等方面有待加强，如不能满足奶牛产奶需要，或者乳房受感染，或挤奶程序和挤奶设备等其他方面存在问题。

8. 高峰产奶量与峰值日的分析

高峰产奶量。是指单个牛在某一胎次中产量最高的日产奶量。例如：成母牛泌乳高峰时产奶量为30kg，则头胎牛在泌乳高峰时产量应为22.5kg，为成年时的75%；若比例小于75%，说明没有达到应有的泌乳高峰；相反，则表明头胎牛泌乳潜力得到充分发挥，或成母牛的潜力没有得到充分发挥。

峰值日。是指产后高峰奶量出现的天数。单产高的牛其高峰产奶量也高。牛一般在产后4~6周达到其产奶高峰，若每月测奶一次，其峰值日应出现在第二个测试日，即应低于平均值70d；若大于70d，表明有潜在的奶损失，应检查下列情况：产犊时膘情、干奶牛配方、产犊管理、干奶牛配方向产奶配方过渡的时间以及泌乳早期日粮能量浓度等。

影响高峰产奶量的因素很多，譬如当分娩时体况评分为3.5分时，奶牛容易达到理想的高峰产奶量；干奶期的管理会影响膘情的调整和乳房的修复，所以适宜的干奶期有利于峰值奶量潜力的发挥；围产期奶牛如果得到良好护理，产后疾病和并发症极大地减少，有利于保持健康并达到高峰产奶量；如果泌乳早期营养良好，奶牛在4~6周达到泌乳高峰期。

在分析DHI数据时，有时需要进行综合分析。譬如平均泌乳天数太长时，可能存在繁殖问题；个别月份平均产奶量下降较多时，如果在8月份可能是热应激引起，2月份可能是春节的假期效应；泌乳早期脂蛋比太高则存在酮病的可能性；7月体细胞数增加则是湿热和雨季叠加带来的效应等。

主要参考文献

东北农学院 . 1999. 家畜环境卫生学［M］. 北京：中国农业出版社 .

冯仰廉 . 2004. 反刍动物营养学［M］. 北京：科学出版社 .

黄应祥，张拴林，刘强 . 1998. 图说养牛新技术［M］. 北京：科学出版社.

黄应祥 . 1993. 养牛学［M］. 太原：山西高校联合出版社 .

黄应祥 . 2002. 奶牛养殖与环境监控［M］. 北京：中国农业大学出版社 .

计成 . 2008. 动物营养学［M］. 北京：高等教育出版社 .

冀一伦 . 2001. 实用养牛科学［M］. 北京：中国农业出版社.

李建国，冀一伦 . 1997. 养牛手册［M］. 北京：河北科技出版社.

梁学武 . 2002. 现代奶牛生产［M］. 北京：中国农业出版社.

刘强，王聪 . 2018. 动物营养学研究方法和技术［M］. 北京：中国农业大学出版社 .

美国国家科学研究委员会 . 2001. 奶牛营养需要（第七次修订版）［M］. 孟庆翔主译 . 北京：中国农业大学出版社 .

米歇尔・瓦提欧（美）. 2004. 奶牛饲养技术指南系列丛书［M］. 北京：中国农业大学出版社 .

莫放 . 2010. 养牛生产学［M］. 2 版 . 北京：中国农业大学出版社 .

全国畜牧兽医总站 . 2000. 奶牛营养需要和饲养标准［M］. 修订第二版 . 北京：中国农业大学出版社 .

王成章，王恬 . 2003. 饲料学［M］. 北京：中国农业出版社.

王加启 . 2011. 反刍动物营养学研究方法［M］. 北京：中国出版集团现代教育出版社 .

肖定汉 . 2000. 牛病防治［M］. 北京：中国农业大学出版社.

昝林森 . 2017. 牛生产学［M］. 3 版 . 北京：中国农业出版社 .

张拴林，高文俊，刘强 . 2014. 奶牛养殖实用技术［M］. 北京：中国农业

科学技术出版社 .
张拴林，黄应祥 . 2005. 牛饲料的配制［M］. 北京：中国社会出版社 .
张拴林. 2003. 反刍动物繁殖调控研究［M］. 北京：中国农业出版社 .
张拴林 . 2010. 奶牛养殖技术问答［M］. 北京：金盾出版社.
张沅，王雅春，张胜利 . 2007. 奶牛科学［M］. 北京：中国农业大学出版社.
朱世恩 . 2009. 家畜繁殖学［M］. 5 版 . 北京：中国农业出版社 .